中學生一定要知道的
25位科學家

BIOGRAPHIES OF SCIENTISTS

鴻漸 *i* 悅讀編輯團隊◎編著

- 逗趣Q圖
- 玩味科學
- 鬆綁想像
- 涵養品格

序言

i 悅讀帶您趣讀經典世界

　　十二年國教正式起跑，為台灣教育史開啟嶄新的一頁，升學考試的緊箍咒鬆綁後，多元與自主學習顯得格外重要。*i* 悅讀系列叢書一改傳統死記硬背的學習模式，透過詼諧有趣的故事，帶領學子們瞭解課本沒教但又發人省思的知識，希冀透過閱讀來擴展視野、深化人文素養、提升寫作能力，強化時事認知並增廣見聞，以建立正確的人生觀。

　　這是一本學校課本不會詳述，但又非讀不可的延伸讀物，宛如小說情節般精彩的故事，除了完整闡述事件的發展過程與豐富的知識，還能啟發讀者去尋求「比標準答案更重要的事」，提供讀者不一樣的學習經歷，從別人給定的標準答案窠臼中突破，培養順應變動的競爭力，追求真正屬於自己的答案！

　　本書精選中學自然科課程中最著名的科學家及其重要發現。由一段導語引出大師的生平，透過淺白易懂的故事介紹其生平事蹟和在科學史上的卓越貢獻。此外，還收錄課本出現過

的公式定理說明，使讀者能夠與課堂上所學知識結合起來，搭配活靈活現的逗趣Q圖，讓原本艱澀難懂的科學論述多了些溫度。文中不時穿插科學家經典的名言錦句，藉此勉勵後進學子。每篇文末亦彙整該科學家的重要成就，看他是如何撼動世界，改變人類生活方式。

　　鴻漸 i 悅讀編輯團隊期許莘莘學子們能藉由本書理解所學知識，提高分析問題與解決的能力，掌握科學的思考方法，開創出自己的璀璨人生！

Knowledge, like a sea, is boundless; only through hard study can one reach the destination.

學海無涯，惟勤是岸。

目錄

歐幾里得

Euclid

> 歐幾里得是一位古希臘數學家，他在個人著作《幾何原本》當中提出五大定理，成為西方數學的基礎，這套幾何原本對於後世的幾何學、數學和科學的發展，以及西方世界的思維方法都有極大的影響。歐幾里得對數學的貢獻可說是創下了開天闢地的功勞，千年以來，至今許多科學家仍視他為最偉大的幾何學之父。

　　歐幾里得為西元前的偉大數學家，或許是因為年代久遠，因此關於他的生平記事幾乎沒有紀錄，唯一留有記載的只有歐幾里得對數學上的貢獻。那時代的人們已發展出思考邏輯，而歐幾里得最擅長整理古籍與資料，因而歸納總結出一套計算概念，他提出邏輯的演繹方法，必須經由可靠的論證或推理原則，加上原有的知識做前提，最後導出新的知識結論。在這種演繹推理中，每個證明必須以公理為前提，透過共有且不證自明的假設，再依照此公理去驗算或推論，歐幾里得所採用的方法，後來在古希臘成了建立任何知識體系的典範，甚至成為後世現代數學的核心原則。

▶B.C.E.325
歐幾里得生於希臘

　　對歐幾里得的古籍紀錄，大部分都是記載他生前非常活躍在亞歷山大城，歐幾里得在那裡整理出他的著作與傳授知識給莘莘學子們，他的學生之一還包含後來的偉大科學家——阿基米德。

在幾何學裡沒有專為國王鋪設的大道。

　　《幾何原本》是歐幾里得最重大的發表，可說是西方數學發展的巔峰之作，歐幾里得將古希臘所有包含點線面的幾何數學成果積累起來，整理成嚴密而固定的邏輯系統運算，使幾何學成為一門獨立的計算科學。歐幾里得在著作中描述了五大公設，也就是不需特別證明，從經驗中所歸納出的知識：

❶從一點向另一點連結，可以連成一條直線。

❷任意線段相連，能無限延伸成一條直線。

❸給定一任意線段，可以以其一個端點作為圓心，該線段作為半徑繞作一個圓。

❹所有的直角都全等。

❺若兩條直線都與第三條直線相交，並且在同一邊的內角之和小於兩個直角，則這兩條直線在這一邊必定相交。

　　第5條公理又被稱為平行公理，亦即：給定一直線和線外一點，則通過該點就僅有一條直線和原來的直線不相交（平行）。也另外整理出了五大公理，所謂公理是指那些不證自

明、確定的論證：

❶與同一事物相等的事物，相互相等。

❷相等的事物加上相等的事物仍然是相等的。

❸相等的事物減去相等的事物，仍然相等。

❹一個事物與另一事物重合，則它們是相等的。

❺整體是大於局部的。

　　透過歐幾里得整理出的五大公設與五大公理，成為一種計算數學的推理方法，啟發不少古希臘的數學學者，透過大膽的假設再計算求證。這套幾何原本對於後世的幾何學、數學和科學的發展，以及西方世界的思維方法都有極大的影響。發展到後來，有人將歐幾里得的理論廣泛地結合與運用在數學科目上，最廣為人知的就屬畢氏定理：

畢氏定理：一個直角三角形 ABC，最長邊 b 的平方等於其他兩邊 a、c 的平方和相加，即 $b^2 = a^2 + c^2$。若以歐幾里得的幾何原理來說，如果我們在直角三角形的三個邊長上，各依照此邊長作一個正方形，那麼兩個小的正方形的面積相加，就會等於大正方形的面積。

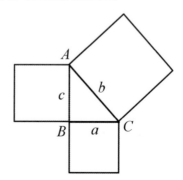

　　除了歸納出幾何學的原理之外，歐幾里得還有一項重要的數學成就，就是他提出的演算法，後來被稱為「輾轉相除法」。歐幾里得透過此演算法來計算線段的長度，而輾轉相除法的公式，簡單說明如下：

3	34	10	2
	30	8	
2	4	2	
	4		
	0		

可以看出數字「2」為數字 34 與 10 的最大公因數，公式記為：$\gcd\ (m, n) = g \rightarrow \gcd\ (34, 10) = 2$

　　歐幾里得是位溫和慈祥的老師，對於傳授知識從不吝嗇，但同時他也是一位嚴謹的學者，他不許自己的學生在進行學問研究時投機取巧，甚至是利用知識來追求名利。曾有學生在學習幾何學時認為實用性不大，隨口問了歐幾里得學這些有什麼

好處，此時歐幾里得沒有發火，只是幽默地告訴一旁的僕人：「拿幾個硬幣給他，因為他的學習是為了獲取利益。」

經過嚴謹的計算與實證，歐幾里得已經將幾何學透過幾項公理與公設簡化，並歸納在著作《幾何原本》當中，但是當時的國王看完後還是不理解，便詢問歐幾里得有沒有更簡單的方法，可以有一條學習捷徑，歐幾里得卻直截了當地告訴國王：「在幾何學裡，大家只能走一條路，沒有專為國王鋪設的大道。」短短幾句話，卻成為千古傳誦的箴言。學習就是一步一腳印，不可能一蹴可幾，而歐幾里得本身沒有發表過太多意見，他總是謙和的表示這些著作或發現都是前人的結果，自己只是將它整理成冊，供後人去學習。歐幾里得對學生的期望與對知識的愛護，讓愛因斯坦不禁讚嘆道：「如果歐幾里得無法點燃你年輕的熱情，那麼你生來就不是一位科學思想家。」

重要成就

❶ 發表《幾何原本》、《反射光學》、《圖形的分割》、《給定量》、《現象》、《光學》等多本著作。

❷ 提出五大公設，成為歐洲數學的基礎。

❸ 歐幾里得幾何被廣泛地認為是數學領域的經典之作。

阿基米德

Archimedes

阿基米德是古希臘的數學、天文、物理學家，也是一名偉大的發明家和工程師。他對數學和物理學的影響極為深遠，還發明了不少機具，被視為古希臘最傑出的科學家，後世的西方世界評價他與牛頓、高斯為有史以來最偉大的三位數學家，同時也是不少現代數學家心中的「數學之父」。

「我發現了！我發現了！」一名裸著身體的科學家一路沿著大街邊跑邊喊，讓人不禁莞爾！鼎鼎大名的阿基米德竟是這樣一個單純的人。

不要碰我的圓！如果要殺我，也等我把這道題目給解了！

西元前 287 年，阿基米德出生在古希臘的敘拉古城，此時古希臘曾經輝煌的文化正逐漸衰退，經濟和文化重心轉移到了埃及的亞歷山大城，同時位於義大利半島上的羅馬共和國，正不斷地擴張版圖，連帶北非區域也有迦太基國的興起，阿基米德正好出生在這新舊勢力交替的世代，他的故鄉——敘拉古城

▶ **B.C.E.287**
阿基米德生於希臘

▶ **B.C.E.216**
迦太基大敗羅馬軍隊，發明起重機

便成為許多勢力角逐的場所。

　　阿基米德的父親——菲迪亞斯是名天文學、數學家，受父親影響，阿基米德相當熱愛數學和研究與科學相關的事務。在阿基米德九歲左右，父親便送他到經濟與文化重鎮亞歷山大城唸書，那裡是當時西方世界的知識重鎮，舉凡文學、數學、天文學、醫學的學者皆聚集在此，各種研究都很發達，於是阿基米德也在這裡結識了許多老師，跟隨各著名科學家學習，包括在當時已負盛名的數學大師——歐幾里得，在歐幾里得的教授下，阿基米德培養出先假設、後求證的精神，這樣豐富的學習環境奠定了日後的科學研究基礎。

　　在亞歷山大城學習多年後，阿基米德帶著滿腹的知識與學術回到故鄉敘拉古城，同時他也和國王交好，時常出入宮廷與國王、大臣們交流，種種優裕的環境下，讓阿基米德心無旁鶩地做了幾十年的研究工作，在數學、力學、機械方面取得了許多重要的發現與成就。

　　阿基米德從小就對研究擁有高度的專注精神與熱情，一旦開始投入，所有生活重心便全是那項研究題目，廢寢忘食是他最好的寫照。有一次國王請人用純金打造一頂王冠，但是做好了以後，國王懷疑金匠可能不老實，製作時候摻了「銀」在裡面，可是外觀上根本看不出來，於是他要求阿基米德協助鑑定，前提是不能毀壞王冠。阿基米德日思夜想，想了好久，一

直沒有適當的方法，直到某天他躺在浴盆裡洗澡時，發覺當他一坐進浴盆時，裡面的水位竟然上升了，這樣的發現讓他聯想到：「上升的水位應該等於王冠的體積，而且黃金的重量比白銀還重，所以如果命人拿和王冠等重的黃金放到水裡測出它的體積，再看看此體積是否與王冠相同，若兩者不相等，這就表示王冠摻了銀！」

這樣的發現讓阿基米德高興地從浴盆跳了出來，沒有多加思索便一邊大喊「我發現了（Eureka）！」，一邊裸著身體跑了出去，成為後人盛傳的故事之一。當阿基米德向國王報告這項發現並實際測量後，發現王冠裡確實含有其他雜質，讓國王對阿基米德更加信任了，後來阿基米德便將這個發現進一步總結，探討浮力與密度的差異，為浮力學建立了基本的定理。

浮力：物體在浮體中所受的浮力，等於物體所排開浮體的重量。

除了發現浮力外，阿基米德還有好幾項關於製作工具的重大發明，最早可追溯至亞歷山大城的求學時期，他偶然看到農

民們提水澆地，十分地費力，他便想說有沒有辦法可以減輕農民們的負擔，沒多久阿基米德便將一組組扇形元件交錯建構在水管裡，透過螺旋的構造在水管裡旋轉，進而把水從河床汲取上來，後世的人們稱為「阿基米德螺旋提水器」。

　　在西元前 200 多年的時候，人們已經會使用簡單的機械結構，而阿基米德便希望能夠結合槓桿和力矩的觀念，實際發明工具運用在生活裡。其實槓桿原理早在舊石器時代就已經被熟知而運用，透過一根硬棒圍繞支撐點旋轉，亦或是運用長木板作為投石的簡單器具，不少古典已記載了人類對槓桿的使用，只是一直沒有一個完整的學術整理，而阿基米德便在機械發明與數學的結合之下，導出了槓桿原理。

槓桿原理：$F_2 : F_1 = D_1 : D_2$ 或 $F_1 D_1 = F_2 D_2$。槓桿內部有一固定點，稱為「支點」，而使槓桿旋轉的力為 F_1，又叫做「施力」；相反的，阻礙槓桿旋轉的力為 F_2，稱為「抗力」。施力與抗力的作用點分別稱為「施力點」與「抗力點」，從支點到施力點的垂直距離叫做「施力臂」；而從

支點到抗力點的垂直距離稱為「抗力臂」。依據施力臂與抗力臂的長度不同所製作的工具，可以歸納出一些分類，分別有省力、費力，還有等力三種：

❶施力臂長於抗力臂，為省力槓桿。例如開瓶器、獨輪車等，如圖1。

❷施力臂小於抗力臂，為費力槓桿。例如剪刀、筷子、掃把等，如圖2。

❸施力臂等於抗力臂，為等力槓桿。例如翹翹板、天平等，如圖3。

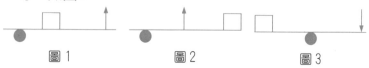

圖1   圖2   圖3

對於經常使用工具製作機械的阿基米德而言，他花費許多時間去研究古籍和利用數學的方法去記錄他的發明，這讓他不只歸納出了「槓桿原理」，還發現了「力矩」的觀念。

力矩：作用力促使物體繞著支點轉動，也可說是轉動的力。

力矩是阿基米德研究槓桿時延伸出來的一部分概念，他假設槓桿是一個可以繞著支點旋轉的硬棒，那麼當外力作用於槓桿內部任意位置時，槓桿就會進行作用，但若外力作用發生在支點之上，則槓桿不會出現任何作用。施力點離支點愈遠，則旋轉的速度愈快；相反地若施力點離支點愈近，則旋轉的速度愈慢，這樣的發現，使阿基米德將力矩定義為 τ，導出：

$\tau = FD$（F 為作用力，D 為從轉軸到施力點的位移向量）。若輸入力矩等於輸出力矩，則 $\tau_1 = \tau_2$，也再一次説明當槓桿處於靜止時，$F_1 D_1 = F_2 D_2$。

然而在阿基米德研究出槓桿原理和力矩，致力將這發現結合在生活當中實踐時，他的國王又遇到了一個令人頭大的問題：國王造了一艘船，卻因為船身太大太重而無法順利推進海裡。於是阿基米德立刻運用自己整理出的槓桿想法，組合出各種機械，成功造出一架機具，將所有施力集中在一條繩子上，只需要國王動手輕輕一拉，整艘船便會順利進入海中，眾人不由得讚嘆阿基米德的智慧。後來戰爭的戰火延燒到了他的國家，愛國心切的阿基米德便竭盡腦力思考該如何退敵，於是透過槓桿原理製造出一批批投石機，讓所有靠近他國家城牆的敵人，全都難逃飛石和標槍。種種機械器具的發明，在在證明阿基米德是最瞭解槓桿原理與力矩的人。

給我一個支點，我可以舉起整個地球。

阿基米德除了是一位狂熱的物理研究分子、機械器具發明者外，他也是一名偉大的數學家，因為這麼多的知識當中，他最熱愛的還是從小到大接觸的數學。阿基米德透過數學的計算方法（此法並無正式名稱），成功地計算出球體積、球表面積、拋物線還有橢圓面積，後來的牛頓更依據這種方法加以發展成近代的「微積分」，阿基米德更透過此種方法計算出了圓周率 π 的近似值：

$$\frac{223}{71} < \pi < \frac{22}{7} \text{ ，也就是 } 3.140845 < \pi < 3.142857$$

據說阿基米德經常為了研究而廢寢忘食，他的住處裡隨處可見數字和方程式的記號，地上則是堆滿了各式各樣圖形的畫紙，走到哪裡皆會看見牆上與桌上都是他的計算式，由此可知阿基米德對於科學有多麼的狂熱！他為了辛苦的農民，發明能省力的機具；他為了解決國王交付的問題，願意不分日夜地去思索，他在追尋問題的正確答案是如此執著。阿基米德的每一項發現，都為後世的科學家們打開了尋找真理的大門。

在阿基米德身上似乎可以看見蓬勃的生命力，以及源源不絕的熱情，他一生一直不停地追求知識，不斷地對未知抱持著好奇，他無所畏懼的求知精神，以及大膽假設再去求證的學習態度值得我們每一個人去學習。

重要成就

❶阿基米德原理、浮力與密度。

❷槓桿原理、力矩。

❸投石器、起重機、阿基米德螺旋提水器。

❹圓周率的近似值。

❺發表《浮體論》、《數沙者》、《論平面圖形的平衡》。

❻確立物體表面積與體積的計算方法。

李奧納多・達文西

Leonardo da Vinci

> 達文西在繪畫、音樂、建築、數學、幾何學、解剖學、生理學、動物學、植物學、天文學等皆有巨大的貢獻，廣泛的研究與作品發表，成為文藝復興時期人文主義的代表人物，曾有位藝術家不禁讚嘆達文西道：「他的思想和人格似乎是超出常人的，而他本身卻是神秘又疏遠。」

　　西元 1452 年達文西出生在佛羅倫斯共和國的領地中，他的父親為一名法律公證員，擁有相當高的財富與名聲地位，但母親並非明媒正娶的妻子。母親生下達文西沒多久後，父親便帶著達文西和他的繼母一起生活，在達文西 14 歲那年，讓他前往佛羅倫斯學一技之長，拜當時名聲最旺的畫師──維羅基奧為師。在維羅基奧的身邊工作，達文西總是認真的學習所有繪畫技巧，沒多久便在畫室的工作裡展現對繪畫的強大天賦。在一次指定作品中，達文西畫了「基督受洗」，透過不同成分的油彩和上彩技巧，達文西青出於藍的繪畫技藝，讓老師維羅基奧大為感動、很是讚嘆。

大事記

▶ **C.E.1452**
達文西生於義大利

▶ **C.E.1490**
畫下〈無段連續自動變速箱〉草圖

知識是實驗的女兒。

　　在維羅基奧的授意下，達文西展開求知之旅，那時候的達文西已經超過在學校學習的年紀，所以他沒有接受正式的教育，然而達文西本身也非傳統一板一眼從書本裡學習的個性，閱讀對他而言並非必要或典型的教育方法，因此為了得到知識，達文西會以觀察和親身體驗，進一步瞭解周圍的事物，而親身去經歷真理，更是他秉持一生的信念和原則。像達文西對光和影甚感興趣，他會在陽光下、燈光下、火焰旁，去觀察各種照射的模樣，尤其喜歡研究多光源照射到物體上的效果。在維羅基奧身邊學藝有成的達文西，擁有了身為藝術家的非凡技術，如同他在晚年所提倡的：藝術和科學本是一家的觀念。從藝術的眼光去學習科學，對他來說更是如虎添翼、得心應手。

真理是時間的女兒。

　　那個時期的佛羅倫斯正盛行文藝復興的人文主義，強調科學與藝術之間並非相互排斥，甚至是可以融合發展的。達文西正是秉持這樣的信念在各項領域裡發展，全是因為他認為瞭解愈多的知識，便是拓展藝術的眼光和格局。所以達文西鑽研了科學、工程領域、解剖……，他是一個鉅細靡遺的觀察家，同時可以使用精細的繪畫技巧、文字描述，來表示或呈現一個自然現象的發現，並非透過理論與實驗來驗證，這與當時眾多科

學家截然不同。也由於達文西的科學發現缺乏了數學公式和實驗的步驟，讓當時許多科學家無法理解以及注意到他在科學領域中的重要發現。

還在維羅基奧身邊學習繪畫時，達文西就已經開始認識人體解剖學，因為當時維羅基奧認為，若是沒有完全掌握人體解剖，根本不可能繪出精闢作品，所以堅持所有門徒都要學習解剖學。於是達文西為了更加理解人體，跑去聖瑪麗亞紐瓦醫院申請解剖人體的許可，甚至為了可以畫出完美的作品，堅持要解剖各式各樣的人體，在不同醫院裡工作長達 30 年，達文西前前後後總共解剖了將近 30 具不同性別、年齡的人體。

關於實際解剖後的心得與部位的不同，達文西繪製了超過 200 篇的畫作，而且為了要有對照和比較，除了人體之外，他還解剖各種動物，包含雞、豬、牛、羊……，大大小小的圖樣素描，堪稱為局部解剖圖的宗師。他不只關心身體結構，也關心生理功能，因為達文西對一個問題好奇，便會想辦法收集資訊和素材，針對他好奇的問題進行觀察和比較，這使得他從一位藝術家變成解剖學家和生理學家。達文西在醫院工作的時

候，曾積極尋找外觀有明顯生理缺陷的人作為模特兒，以差異點來突顯正常器官的功能意義，尤其肌肉和骨骼的精密度，即使在他逝世後，也有好長一段時間無人可以超越他的繪畫作品。

　　而在進行生物研究時，達文西非常著迷、好奇關於飛行的秘密，於是他做了關於鳥類飛行的詳細研究，甚至畫下許多飛行機器的草稿，這些手稿更被後來的科學家視為飛行器的前身。其實當時的達文西對周遭人來說只是一名異想天開、想像力豐富的藝術家，沒有人可以理解他對科學的貢獻與發想，不少人還認為達文西在畫下這些發明的時候，根本是一個瘋子的行為，太過於天馬行空。但事實證明，達文西的所有想法皆是具有開創性，甚至是推動未來科學文明發展的重要里程碑。

　　由於沒有受過正式的基礎教育，達文西當時對科學的表現方式並不是大眾能夠接受的方式，所以沒有得到太多的迴響。但後來對達文西筆記、畫稿的驗證，才發現他所有的想法和創意，竟然遠遠超過當時期發展可以跟上的程度。達文西讓我們

知道，教育並非侷限在書本之中，大自然裡的一草一木、一光一影都可以是我們的老師，想要學習知識，全看我們對真理是否存在著渴望。因為達文西就是憑藉著自己仔細的觀察、比較、親身去經歷後，才得到這麼多常人所無法看到的細節，就如同他著名的畫作之一 ──〈維特魯威人〉，正是只有他才能窺得人體的黃金比例，多少人想要推翻這個比例但從未有人成功過。有人說藝術家都是寂寞的，但在達文西身上並沒有這個問題，因為探索真理本身就需要燃燒熱情和全心投入，同時也是名科學家的他，只會朝著好奇和未知不斷地去追尋和找出答案。

充實的一天過後會有愉快的睡眠；充實的一生過後會有完美的終結。

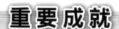

重要成就

①繪製〈維特魯威人〉，探究人體黃金比例的奧秘。
②解剖屍體，繪製器官的素描。
③在〈達文西機械〉中繪出許多關於機械發明的草圖。
④發明汲水機、划槳的船，設計運河渠道、橋樑與水壩。
⑤繪製降落傘、飛機和汽車的設計圖。

尼古拉·哥白尼

Nicolas Copernicus

> 哥白尼為文藝復興時期的數學、天文學家，是一位神父同時也是一位
> 科學家，他勇敢地提出科學的革命，更奉獻自己的生命照亮了後世科
> 學的路。他提出太陽為宇宙中心的學說，震驚了當時的天文學界，被
> 認為是現代天文學的起步點。

「我總算，在臨終的時候推動了地球」，撫著《天體運行
論》的封面，哥白尼平靜且滿足地靠在床邊逝世。時代之下的
宗教壓迫，差一點就讓哥白尼的重要發明殞落，好在他最後願
意賭一把，讓他的著作公諸於世，為後世的天文學界打開了一
扇大門。

西元 1473 年，哥白尼出生於波蘭多倫城，父母兩邊的家
族都是望族，父親尼古拉是一位法官，同時也是名成功的商
人，而母親的家族除了是貴族也是知名商人，所以家境非常寬
裕。然而好景不常，在哥白尼 12 歲左右父親便去世，轉由母

▶C.E.1473	▶C.E.1515	▶C.E.1517
哥白尼生於波蘭	發現地球離心率的變化	總結貨幣量化理論

系家族的舅舅盧卡斯領養他，舅舅是名牧師，後來還成為了主教，哥白尼靠著舅舅盧卡斯的扶養直到大學，因此對他的價值觀影響深遠。

勇於探索真理是人的天職。

　　身為牧師的舅舅從小就對哥白尼的教育非常關心，因為在那個時代，年輕人幾乎只有兩條路可以走：不是當軍人，就是為教會貢獻，所以盧卡斯透過自己的影響力還有財富，為哥白尼的就學之路鋪墊了不少。從小在舅舅的影響下，哥白尼也把傳教當成自己的終身職業，所以當舅舅安排哥白尼在自己任教的學院裡就學，甚至期望未來他能夠去克拉夫大學唸書時，哥白尼都沒有提出異議。哥白尼考上了克拉夫大學的藝術系，而克拉夫大學為波蘭當時一流的學校，當時天文學及數學正蓬勃發展，因此哥白尼正式接觸了天文科學。

　　在克拉夫大學就學期間，哥白尼認識了兩位傑出人物：著名詩人卡里馬赫與數學和天文學教授沃伊切赫。他們倆位在那個時代都是擁有開放新思想的人文主義者，不僅格局開闊，學術的知識也非常豐富，哥白尼在這些老師薰陶下，加上大量閱讀克拉夫大學保存的典籍，開啟了對數學、天文學、哲學的濃厚興趣。在幾位老師的教導之下，哥白尼學會了對未知學問的探究，不再盲目地相信，而是對理論抱持著懷疑，進而用實證

的精神去挑戰傳統。

西元 1489 年哥白尼的舅舅當上了主教，透過管道為他申請獎學金讓他可以繼續深造，甚至還提供在義大利擔任神父的機會。那時的義大利正好處於文藝復興的中心點，而哥白尼即使擔任神父，也沒有被教會要求太多，於是他選擇就讀波隆那大學，繼續研究喜愛的人文科學還有天文學。為了能更精準的理解古典，哥白尼還跑去學習希臘文和阿拉伯語，使自己能夠更貼近前人留下的知識，而不仰賴別人轉述或解讀。

波隆那大學求學期間，哥白尼遇到教授天文學的指導老師──多明尼各‧戴諾瓦拉，這位老師對盛行在當時天文學界的地心說有著諸多的質疑，甚至後來還在校園裡發表了一篇質疑地心說的文章，連帶也影響哥白尼日後研究天文學時的觀念。這幾年時間裡，哥白尼學習有興趣的科目，還跑去別的大學接受各個教授的指導，甚至還在一位教授指導下開始習醫，不斷地吸收各式各樣的知識，一直到他在大學裡將學業完成才告一段落。畢業後，哥白尼回到波蘭擔任主教舅舅的醫生以及秘書，隨著舅舅到處周遊，參與教會的公務與活動。

青春應該是：一頭醒智的獅，一團智慧的火！醒智的獅，為理性的美而吼；智慧的火，為理想的美而燃。

直到西元 1512 年哥白尼的舅舅去世，他才停下了到處旅行的生活，回到故鄉波蘭。他想傳承舅舅的遺志，所以將大部分精力放在教會，並投入醫學研究上，因為在他的教區裡有很多窮人，哥白尼希望運用自己的醫術，為這些窮人們治病，只有工作之餘他才會拾起天文學。後來哥白尼被指派去管理弗倫

堡，而他也視這座山丘教區為最後定居地，於是他在當地建了一個小天文台，後世稱作為「哥白尼塔」。這個小天文塔幾乎是哥白尼的臥室，閒暇之餘他都待在這裡觀測天文，也就是在這個天文台的觀測下，哥白尼發現了地心說的瑕疵。從西元1512 年開始，哥白尼觀測了火星與土星的資料，特別是在西元 1515 年，哥白尼對太陽所作的四大觀測，讓他發現了地球離心率的變化。

在當時普遍被接受的天文體系是托勒密的思想，此學說主要是提出地球是宇宙的中心，而其他所有天體都沿著圓形軌道繞地球運轉。同時為了使理論符合他的觀測數據，托勒密認為天體是位在一個稱為「本輪」的小圓形軌道上，而本輪的中心則是落在稱為「均輪」的大圓軌道上，地球正好位於軌道上的其中一點。這樣的理論在當時是符合天文觀測的數據，同時也被教會歡迎，因為這不僅提倡了地球和人類的重要，還符合《聖經》教約裡有天堂和地獄的空間。

隨著觀測技術的進步，如果要繼續使用托勒密的地心說，必須擁有很多個本輪、均輪的軌道，甚至還要有很多額外的小本輪軌跡，才能符合理論。這樣開始與實際觀測產生歧異的結果，以及過去求學時的人文主義思想，使得哥白尼加深了對地心說的懷疑。於是哥白尼將固定不動的中心點轉移到太陽上，他指出地球其實並不是宇宙的中心，而是如同其他五大行星一樣，都是圍繞著太陽這個中心運行的普通行星之一，同時地球自身又會以地軸為中心進行自轉，也就是日心說。

　　哥白尼將這重大發現告訴身邊幾位親近好友，有不少人肯定與支持，友人中甚至有一名教會主教還寫信鼓勵他發表出版，但是身為教士之一，哥白尼非常清楚當時的教會有多麼牴觸這樣的發現，加上那時候正面臨新教與舊教的衝突，在在影響他一直不敢公開。所以哥白尼只有在私底下教授與分享，低調地交流著他的發現，隨著彼此討論、分享，也讓愈來愈多科學家知道了這項理論，直到哥白尼臨終之際，有一位大學教授自告奮勇要整理這些資料，以及不間斷的勸說之下，哥白尼才終於同意發表了自己的著作《天體運行論》，朝天文學界丟下了一顆震撼彈。

　　《天體運行論》書中提到了幾個觀點：

❶地球並不是宇宙的中心，只是在月球繞行軌道的中心。

❷宇宙的中心為太陽，包括地球在內的五大行星都環繞著太陽轉動。

❸日地距離和眾星所在的天穹層高度相比是微不足道的。

❹天穹周期性地轉動，是因為地球透過自轉軸旋轉一周所造成的。

❺太陽在天球的周期性運動，是地球繞著太陽公轉所造成的。

❻行星的順、逆行現象，是地球和行星共同繞著太陽運動的結果。

果不其然，當哥白尼的《天體運行論》出版後，教會便大發雷霆地下令派人捉拿他，只不過那時候的哥白尼年事已高，書還沒出版，他就已經拿著初版的印刷本，安詳離開人世。雖然哥白尼過世了，但他的論點就像是砲彈般轟炸著當時的天文界，雖然大部分的學者以及教會都反對與駁斥日心說，甚至還一度將《天體運行論》視為禁書。

哥白尼本身也是名神職人員，但是他卻沒有盲目地相信宗教的指示，而是抱持著探討真相的心態面對未知，即使書中的幾項理論還不夠完全，但哥白尼的發現與他最後勇於發表的決定，已經在不少人的心裡埋下了革命的種子，甚至深深地影響後世幾名偉大科學家，讓人願意用生命去守護、探索未知的真理。

在許多問題上我的說法跟前人大不相同,但是我的知識得歸功於他們,也得歸功於那些最先為這門學說開闢道路的人。

重要成就

❶發表日心說。
❷發表《天體運行論》。
❸總結劣幣驅逐良幣理論。

伽利略·伽利萊

Galileo Galilei

> 伽利略出生於義大利的比薩，為物理學家、數學家、天文學家及哲學家，同時也是科學革命中的重要人物，其成就包括改進望遠鏡和其所帶來的天文觀測，以及支持哥白尼的日心說，被譽為「現代觀測天文學之父」。史蒂芬·霍金曾說過：「自然科學的誕生要歸功於伽利略」。

「既然如此，我們來做個實驗吧！」伽利略目光灼灼地說著，雙目綻放著對實驗的龐大熱情。對於學問，伽利略有著自己的堅持，那就是從不盲目相信，而是透過實際的測驗，去證明每一個理論真正的答案。

西元 1564 年，伽利略誕生在義大利比薩城一個沒落的貴族家庭，父親是一位音樂家，對於數學、拉丁文、希臘文皆有很高的造詣，同時也是一位非常有主見、會去挑戰當時樂理權威的學者，但是這些學問並沒有使他的家庭富裕，反而是後來經商從事羊毛的買賣，家境困窘的局面才得以改善。正因如此，伽利略身為家中長子，父親希望他可以往醫學的方面發展，

大事記

▶C.E.1564
伽利略生於義大利

▶C.E.1581
發現吊燈的擺動

▶C.E.1589
擔任比薩大學的數學主任

而他的名字也是根據曾為醫生的祖先來命名，在父親刻意引導下，18 歲的伽利略便進入比薩大學習醫。

　　或許是繼承了父親對權威懷疑的性格，在比薩大學裡，伽利略經常對學校教授們提出的理論加以質疑，他認為教授們所說的東西既已陳腐老舊又毫無實證基礎，在當時的學習環境之下，一切科學、哲學全都是依據古希臘哲學家──亞里斯多德的學說，就連教會也都將亞里斯多德封為「聖人」，他的理論被視為「絕對真理」，不容否定和懷疑。以至於學生若是提出問題，老師只要回一句：「這是亞里斯多德說的」，便沒人敢再有聲音。直到伽利略的出現，他不斷挑戰、爭辯教授們的底線，讓不少教授替這位愛爭吵的學生貼上「不良學生」的標記。

人類有望理解世界如何行為，而且我們能通過觀察現實世界來做到這一點。

　　不過伽利略除了專業科目外，還是依照學校規定，大量研讀亞里斯多德的著作，因為這時期的伽利略雖然會質疑並且自我獨立思考，可是他並沒有具備科學上的基礎知識，直到他遇到人生的恩師──當時的宮廷教師里奇。有一次伽利略偶然旁聽到里奇正在講授數學，這才發現算數、幾何這些富有邏輯性的科學竟是如此迷人，在老師的鼓勵下，伽利略幾乎將所有心力投入在喜愛的數學、物理之上，開始展現了自己在數學上的

▸C.E.1590
發現自由落體運動學

▸C.E.1609
發明伽利略望遠鏡

▸C.E.1642
伽利略逝世

天分，同時也為日後的研究打下堅實的邏輯基礎，培養出不輕易接受「僅有思想而沒有正名的理論」。

數理科學是大自然的語言。

西元 1581 年的某天，伽利略在比薩大教堂作禱告，裝修工人無意中碰到了教堂裡的吊燈，伽利略就這樣愣愣地盯著晃動的吊燈，於是他開始凝視這盞左右擺動的吊燈，伸出右手按住左手腕的脈博，在心裡默默地計算吊燈擺動的次數，伽利略發現吊燈的擺動和時間的流逝有著固定的關係，於是他進一步研究單擺的性質，實驗結果讓伽利略發現：兩個一樣長度的單擺，不論擺幅和重量大小，兩者的擺動週期還是相同；但若改變單擺的長度，則擺動週期就會不一樣，這就是伽利略第一個透過實驗證明的「擺錘等時性原理」，依照這個原理設計出了一種計脈器，可以用來測病人的脈搏次數。

擺錘等時性公式：$T = 2\pi\sqrt{\dfrac{L}{g}}$，$T$ 為週期（來回擺動一次所需的時間），L 為擺長，g 為重力加速度（$g = 9.8$ m／s^2），π 為圓周率（就是 3.14）。

有了這樣的發明，更加深伽利略對數學、物理的濃厚興趣，於是他將大部分的時間轉為研究阿基米德、歐幾里得的學說，而他這樣偏離學習醫學軌道的行為，也讓他和父親一直處在緊張的關係，甚至在一次盛怒之下，切斷了對他的學費供給，讓他不得已只好選擇退學。儘管伽利略並沒有從比薩大學畢業，但是他在學期間「擺錘等時性原理」的發現以及計脈器

的發明，已經讓不少人注意到他在數學及物理的成就。當伽利略回到家鄉後，他依然專注於這些興趣上，還出版了《小天平》描述當時利用液體和空氣的差異所發明的比重秤（溫度計的前身）。而伽利略發表過的這些著作皆受到很高的評價，再加上大學恩師李奇大力推薦，在西元 1589 年時，伽利略終於回到比薩大學擔任數學教授。

不過當伽利略回到學校任教時，他並沒有宣揚亞里斯多德的學說，反而提倡各種實驗和觀察，這在當時的環境是非常打擊和刺激到學校裡的其他教授與整體學風。西元 1590 年，伽利略對亞里斯多德其中的一個理論：「如果把兩件東西從空中扔下，必定是重的先落地，輕的後落地。」提出了質疑，伽利略覺得兩件物品應該是同時落地，想當然所有人都斥責他瘋了，亞里斯多德的思想是不可能錯的，於是伽利略決心要舉辦實驗來證實自己的想法，也就是後世廣為流傳的故事──「比薩斜塔的實驗」。

伽利略在比薩斜塔的各個樓層裡安排了實驗人員，讓他們將一對不同大小的鐵球丟下，結果兩個不同重量的鐵球同時落到地面，將保守固執的思想敲出一個洞來，也讓伽利略貫徹他的實驗精神和態度。這項實驗也讓伽利略證明出後來的「自由落體運動學」，也是後來牛頓發現運動定律的研究基礎。

自由落體運動學：物體從空中自由落下時，不管輕重，都是同時落地，也就是說物體無論輕重，它們的加速度是相同的，即重力與物體的質量成正比，$F = mg$（重力加速度為一個常數，以 g 表示，平均值為 9.81）。若是自由下

落的物體在最初的位置（最大高度）即有重力位能，通常用 E_P 表示，為物體的重力與高度的乘積：$E_P = mgh$。

比薩斜塔實驗結束沒多久，伽利略又向另一項物理理論進行挑戰，他經由實驗推翻了亞里斯多德曾說過的：「物體運動是因外力作用，若是沒有了外力，物體將會靜止下來；而作用力愈大，物體運動速度愈快」的說法，伽利略則提出相反的理論，他指出：「運動不需外力來維持，如果沒有了外力的作用，這個物體反而將會永遠保持原有的運動狀態。」也就是後來的「慣性原理」，之後牛頓根據這一理論基礎總結出牛頓第一運動定律，也就是「慣性定律」。

慣性原理：物體在任何一點上都繼續保有其速度並且被引力加劇。如果沒有了引力，物體將仍舊以它在那一點上所獲得的速度繼續運動下去。

西元 1592 年伽利略聘約期滿，比薩大學卻沒有任何想要和他續約的想法，只因他當時的幾番實驗和質疑，讓許多教授

非常不滿。幸好伽利略的各項發明還是深得朋友們的欣賞，於是在朋友的邀請之下，他來到北義大利威尼斯的帕多瓦大學擔任數學教授。在那時候，威尼斯是一個被教會放棄的地方，因此帕多瓦大學是一個自由思想氣氛濃厚的大學，因此伽利略熱愛實證的研究精神可以在這裡得到充分的發揮。

在帕多瓦大學任教期間是伽利略產出各式各樣發明的輝煌時期，此時他發明了圓規，為了用來解決數學上問題；隨後又根據熱漲冷縮的原理，使用一支注滿水的玻璃管，觀察玻璃管裡的水位會隨著氣溫變化而上升或下降，這也是世界上第一支溫度計。種種驚人的研究、發明成果，吸引了許多人從各地前來聽他講課，這時的伽利略已經成為一位相當有名聲的科學家。

當科學家們被權勢嚇倒，科學就會變成一個軟骨病人。

西元1608年，一位荷蘭光學科學家在一次無意的行為中，將兩張玻璃片組合起來，透過這樣看遠處的景物好像就在眼前一樣，而這項驚人的實驗，立刻挑起了伽利略的興趣，他假設不少組合，最後實驗了兩個透鏡，一個是凸透鏡、一個是凹透鏡，居然讓他成功製造了一個能放大兩三倍的望遠鏡。而有著強烈實驗精神的伽利略，又不斷地改進這支望遠鏡，最後竟然製造出一架可以放大20倍的望遠鏡，也就是後來的「伽利略望遠鏡」。這支望遠鏡使伽利略發現了月球上的坑洞，這實實在在的觀測結果讓他不但能反駁亞里斯多德曾說過的：「天體一定是完美球狀的理念」，同時也推翻了人們深信亞里斯多德

的學說及《聖經》的教義「月亮是完美無缺的」，而這樣的發現，直接影響了人類後來在天文學上的發展，但是也為伽利略惹來晚年的殺身之禍。

　　沒多久，伽利略又把觀察的念頭動到了其他行星上，他把望遠鏡指向木星，一開始他只是發現木星周圍有三顆灰暗的固定天體，結果第二天晚上再看的時候，卻發現這些天體改變了位置，於是伽利略認為這些天體也屬於小行星，環繞著木星運轉，就像地球的衛星——月亮一樣。他發現木星有衛星在運轉的事，在天文學界掀起了一場巨大的革命，因為那時候還是盛行著亞里斯多德的學說：「所有的天體都圍繞著地球運轉」，所以伽利略的一番言論，讓不少天文學家與哲學家鄙棄，甚至認為他發明的管子藏有魔鬼，只是變魔術的玩具。

　　自從發明了望遠鏡之後，伽利略便對宇宙天文產生了觀察的興趣，他認為實際的觀察絕對比模糊的思想理論來的正確，於是他利用望遠鏡接連觀察了金星和太陽，讓他更篤信哥白尼的學說，因為在伽利略還沒發明望遠鏡指向天空的百年前，天文學家哥白尼便曾說過：「假如肉眼銳利的話，可以看得見金

星也跟月亮一樣有盈虧。」伽利略透過親眼觀測，證實了哥白尼的見解是正確的，除了發現木星擁有衛星之外，也證明了金星是繞著太陽運轉，而不是繞著地球轉。

這些發現重重地打擊著當時的天文學說和教會，因為在西元 1616 年時，教會非常反對哥白尼的學派，為了鞏固權威甚至還將哥白尼的《天體運行論》納入《禁書目錄》的命令，禁閱這本書的理由便是哥白尼提出太陽恆定、地球自轉，這些與神聖經文相悖的理論。然而伽利略不顧周遭親友反對，開始著手把他的發現撰寫下來，《星際使者》和《關於太陽黑子的信札》都成了當時震驚歐洲天文學界的著作。他引用了哥白尼的地動說，否定「天體是完美無缺」以及推翻「地球是宇宙中心」的理論，論文一發表，立刻便引來教會和守舊派人士的反感和攻擊。

後來伽利略的好朋友——烏魯班八世即位，成為羅馬新教皇，伽利略心想這是個好機會，於是又寫了另一本著作《關於托勒密和哥白尼宇宙論的對話》，以對話的形式來說明兩種宇宙論的觀點。沒想到此書一出版，伽利略就被教會抓去審辦，指控他「反對教皇、宣傳異端」的罪名，並將他無限期關在家裡監禁，直到教會滿意為止。

伽利略的一生向後世展示了數學、理論物理、試驗物理、天文學之間奇妙的關係，他最初熱衷的是數學，而活到最後一刻長留在他心中的根本思想也是數學。數學是一門邏輯的藝術，伽利略因這門方法而培養出大膽假設、小心求證的性格，就連現代物理學之父——愛因斯坦也曾稱讚過伽利略，若是沒

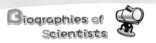

有伽利略，就沒有現代科學。即使在當時封閉的社會風氣，限制了伽利略開放、講求實證與觀察的精神，但伽利略依舊不放棄每一個向世人公開真理的機會，一直用生命在闡述一件事：與其相信縹緲虛幻的思想，不如透過實驗去證明這些理論。

真理就是具備這樣的力量，你愈是想要攻擊它，你的攻擊就愈加充實了和證明了它。

重要成就

❶發明伽利略望遠鏡、溫度計、圓規。

❷發現木星有四個衛星。

❸發表慣性原理。

❹證明自由落體運動。

❺著有《試金者》、《星際使者》、《關於太陽黑子的信札》、《關於托勒密和哥白尼宇宙論的對話》。

約翰尼斯·克卜勒

Johannes Kepler

克卜勒是德國的天文學和數學家，為十七世紀科學革命的代表人物，最為人知的就是「克卜勒定律」，不少人甚至稱他為「天上的立法者」。克卜勒的所有發現為後世天文科學打開了新的一扇門，改變天文學與自然哲學的歷史發展，甚至還啟發了未來的物理學之父——牛頓。

　　有人說：「只是這樣一點點誤差你也不能接受嗎？」克卜勒信誓旦旦地回答到：「我親眼見證過我老師的嚴謹，他的觀測數據絕對不可能有誤差！」簡單幾句話，完整地訴說克卜勒一生——堅持對真理的探索！

以我一生最好的時光追尋那個目標，書已經寫成了。現代人讀或後代讀都無關緊要，也許要等一百年才有一個讀者。

　　西元 1571 年 12 月 27 日，克卜勒在德國南方威爾登堡的一個小城市中誕生。曾經家業輝煌，祖父甚至擔任過市長，只不過等到克卜勒出生時，家道已開始衰弱，而克卜勒的父親為

▶C.E.1571	▶C.E.1577	▶C.E.1594	▶C.E.1596
克卜勒生於德國	見到大彗星	擔任格拉茨新教學校的數學與天文講師	發表《宇宙的神秘》

了維持生活，自願成為一名傭兵，專門跑危險的地方，在克卜勒5歲那年，父親就離開了家庭，最終死於荷蘭的「八十年戰爭」。

　　克卜勒為早產兒，自幼體質差，3歲時染上天花，4歲時又染上猩紅熱，導致身體受到很大的損傷，幾乎半殘，因此家裡後來決定送他去上學，希望他長大後成為一個牧師。克卜勒雖然身體上有很大的殘缺，但上帝或許是公平的，給了他一顆異常聰明的腦袋。他很小的時候就接觸過天文同時也非常喜歡，年幼時和母親曾一起見過西元1577年的彗星，以及記得被家人叫出門外看紅色的月亮，只不過在生病之後，克卜勒的雙手殘廢，加上視力衰退，這才限制了他觀察天文的能力，然而限制了身體但卻無法扼殺他對天文的喜愛，以及對宇宙的研究精神。

　　後來家人將克卜勒送入神學校之後，他逐漸在學習上展現出不凡的才華，克卜勒進入著名的天主教大學——圖賓根大學，主修神學，此時遇見了一位影響他一生的教授——馬斯特林，馬斯特林是當時期有名的天文學家同時也是位傑出的數學家，他引導克卜勒認識了前期偉大的天文學家哥白尼所發表的學說，使克卜勒也成為哥白尼學說的信徒。只不過當時的教會奉行的是古希臘天文學家——托勒密提出的宇宙系統：地球是宇宙的中心，太陽及所有行星均繞著地球旋轉。哥白尼則認為相反，他指出太陽是宇宙的中心，地球及當時所知的另外五顆行星，都是繞著太陽轉動。在那段時間裡，克卜勒和教授馬斯特林不斷地研究哥白尼的論點，甚至為此在一次學生辯論裡，利用理論和神學的角度，去捍衛太陽的中心位置，指出太陽為宇宙能量的來源。

　　就在克卜勒畢業即將去擔任一名牧師的時候，剛好奧地利的格拉茲新教神學院需要數學教師，於是教授馬斯特林便推薦他去任教，而這一去也因此改變了克卜勒的一生。克卜勒在學院任教時，在他虔誠的信仰之下，開始致力於瞭解宇宙，因為他認為去瞭解上帝所創造的宇宙，也是信徒的職責之一。同時他也好奇著哥白尼的宇宙學說當中，是什麼決定了行星軌道間的距離，因此克卜勒花了很大的工夫鑽研幾何學，閒暇之餘也探求占星術和天文學，這些研究讓他找到了土星和木星的定期相遇，克卜勒發布了第一部天文學作品——《宇宙的神秘》。

宇宙本身是上帝的一個影像，太陽對應聖父，星球對應聖子，它們之間的間隔對應聖靈。——《宇宙的神秘》

這本著作在當時雖然沒有被廣泛的閱讀，但是他建立了克卜勒身為天文學家的聲譽，也讓之後被更多其他天文學家所看見。

西元 1596 年年底，克卜勒把在教學期間所得到的假設和發現，整理成一部公開發表的作品，他在研究宇宙和幾何學的過程中，意識到規則的多邊體會按照規定的比率，與一個內切圓和外切圓相連，克卜勒便推測這可能就是宇宙的幾何基礎。他假設如果這些星球確實是環繞著太陽，那麼球體之間必定維持一定的間距，而間距會對應於每個星球的路徑尺寸。同時他也特別以這部作品來捍衛哥白尼的宇宙學說，克卜勒透過物質與精神之間的聯繫，帶出神學信仰說明。

數學對觀察自然做出重要的貢獻，它解釋了規律結構中簡單的原始元素，而天體就是用這些原始元素建立起來的。

此時克卜勒便將精力傾注於「和諧」，也就是數學、音樂、物質世界之間的命理關係，他透過假設地球擁有精神，將占星內容、天文距離、天氣等其他地球現象聯繫起來，建立成一套推測系統。克卜勒一直傾力於幾何學，他從研究規則的多邊形和多面體開始，嘗試將自己所發現的和諧分析發展至音樂、天氣、占星上。克卜勒深信幾何事物像造物主，提供了裝飾整個世界的模型，他將這些發現全部匯集整理成《世界的和諧》，分別講述正多邊形、幾何全等、音樂和聲的原理，最後提到了行星運動的和諧。依照前一部作品裡提到的，他發現行星在軌道運動時，在最高和最低角速度之間有近似和諧的比例，而所有的行星會在罕見的間隔中，達到完美的和諧。

西元 1600 年，奧地利發生宗教改革運動，克卜勒身為神

學院的一分子，不可避免地捲入了政治與宗教的麻煩之下，剛好那時第谷很欣賞他的《宇宙的神秘》和數學專長，便邀請克卜勒至布拉格擔當他的助手。兩人的見面可說是科學史上的大事件——精確的經驗觀察與數學理論的相遇，讓天文科學史上得到了重大的突破。只是當時身為神聖羅馬帝國皇帝天文官的第谷年事已高，窮極一生的精力都用在觀測星體之上，他邀請克卜勒來擔當助手，也是希望他能繼承自己的事業，兩人相見沒多久第谷便過世了，而克卜勒得到了所有第谷觀測的資料，同時也被指定為皇室數學家的繼承者，在當時是數學界的無上榮耀。

這個世界是孤獨的，在它以外什麼都沒有，它只靠作為整體而靜止不動的它自己；它自己就是一切。

　　在布拉格的這段期間可說是克卜勒著作的巔峰，西元1604年他發表了一部《天文學中的光學》，那時他正在分析和研究第谷的火星觀測數據，結合他對月球光學規律的研究，他發現不論是日月食，還是他年幼看過的紅色月亮，全都展現了無法解釋的現象，於是他放下其他工作，專注於光學理論的研究。克卜勒重新描述平面鏡與曲面鏡的反射，還有針孔原理，以及視差與天體的可見大小，透過這些理論的研究，他還將光學研究延伸到人類的眼睛上，說明人體的眼睛結構即為一種折射的晶體，詳盡解釋近視和遠視的原因。

Nature uses as little as possible of anything.

　　後來克卜勒受到當時知名的物理學家——伽利略善於實驗的影響，投入改善伽利略望遠鏡的設計，他開始研究如何使用兩個凸透鏡來設計望遠鏡，後來成功達成較大的視野和眼距，也就是後來的克卜勒望遠鏡，此望遠鏡在觀測天文上可以擁有更高的倍率，只不過視覺影像是倒轉過來的。

　　在克卜勒致力於光學和望遠鏡設計的同時，天文學界出現了躁動，因為宇宙出現了一顆肉眼可見、明亮的超新星，一開始克卜勒還不相信這個謠言，直到他自己親眼看見了這顆星，才系統化地觀察這顆超新星，他在觀察兩年後提出發表，文中詳細地描述這顆超新星的亮度、位置和顏色，後世也將這顆超新星以克卜勒的名字來命名。沒多久克卜勒便又重新拾起第谷對於火星軌道的觀測資料，他嘗試以各種大小的圓、圓心來代表火星和地球，也透過不同的速度來解釋，不過一直都與第谷的觀測紀錄核對不上，兩者之間有著八分之差，後來他求助於學生時期的老師——馬斯特林，沒想到對方卻冷淡地回應那或許只是小小的誤差，可是克卜勒卻無法接受，因為他知道第谷的細心和要求程度。

　　即使周圍的人都不理解，克卜勒還是堅持要找出正確的數據，只是在使用等速圓周運動、變速圓周運動的模式接連失敗之下，克卜勒雖然在心裡非常相信哥白尼學說，但他畢竟也是數學家，想到古希臘的阿基米德當時就知道世界並非一個圓，因此決定先推翻既定的認知，採用等分點和橢圓軌道的計算方式，最終創造了與第谷的觀測一致的計算模型。

　　克卜勒將這些研究和發現整理成《新天文學》出版，此著

作基於第谷的觀測資料來解釋行星運動，這當中也產生了克卜勒最著名的三大定律，分別為：

❶ 克卜勒第一定律：每一個行星都沿著橢圓的軌道繞行太陽，太陽為橢圓中的焦點。

❷ 克卜勒第二定律：在相等的時間內，太陽和運動的行星連線所掃過的面積相等。

❸ 克卜勒第三定律：各個行星繞太陽公轉的週期平方，與橢圓軌道的半長軸立方成正比。

其中第一定律便是克卜勒突破誤差的基礎思想，以及在後來許多天文學家都不重視行星運動，他便著手研究將物理學引入天文學，克卜勒認為行星在對太陽做圓周運動時，一定時間內掃過的面積都是相等的（也就是第二定律）。鑒於曾經研究過萬物的和諧，克卜勒認為行星繞著太陽的距離一定也有規律，於是他又花了更多的時間將這些距離透過數學的方法不斷計算，最終發現所有行星的距離數字都成正比，成為了克卜勒的第三定律。

只不過當時克卜勒的發現並沒有立即受到認可，而他的老師馬斯特林更是反對將物理學引入天文學，於是克卜勒發表完《新天文學》後，把這些重新編製成天文學的教科書《哥白尼天文學概要》，成為自己教書的主要教材，之後便又重新投入星曆表的製作，這也是他的恩人——第谷傳與他最重要的遺願。星曆表在天文學裡已經有好幾個世紀的歷史，用於紀錄行星相對恆星的位置，第谷一生都在觀察行星與恆星，希望可以製作出一套全新、更準確的星曆表。克卜勒將第谷的觀測資料結合自己的行星運動定律，終在西元 1623 年完成了星曆表，而他也尊崇第谷的遺願，將此星曆表以當時的皇帝魯道夫命名，成為後來有名的《魯道夫星表》。

克卜勒還發現大氣折射的近似定律，是最早提出大氣有重量一說，並提出月全食時月亮呈現紅色是由於一部分太陽光被地球大氣折射後投射到月亮上所致。

在完成第谷的遺願後，克卜勒終於放下了心中的大石頭，他決定在生命的最後幾年，將更多時間花在旅行。不論當時的成就是否得到重視，克卜勒的一生相當值得我們讚賞和學習，即使他從小體弱、身體有許多遺憾缺失，甚至不能鉅細靡遺地觀察他喜愛的天文，但正因為對天文的熱愛、對信仰的忠誠，克卜勒不論是興趣學習或者是事業研究，都有他篤定的堅持，而我們也才能見識到宇宙更加寬廣的理論研究。

1630 年 11 月，克卜勒在雷根斯堡發高燒，幾天後在貧病中去世，葬於當地的一家小教堂。他為自己撰寫的墓誌銘是：「我曾測天高，今欲量地深。我的靈魂來自上天，凡俗肉體歸

於此地。」

The diversity of the phenomena of nature is so great, and the treasures hidden in the heavens so rich, precisely in order that the human mind shall never be lacking in fresh nourishment.

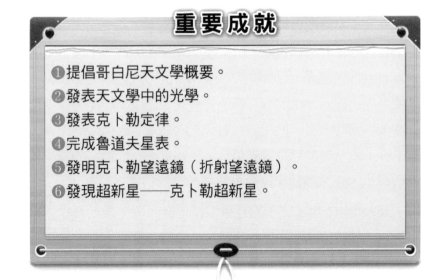

重要成就

❶提倡哥白尼天文學概要。
❷發表天文學中的光學。
❸發表克卜勒定律。
❹完成魯道夫星表。
❺發明克卜勒望遠鏡（折射望遠鏡）。
❻發現超新星——克卜勒超新星。

勒內·笛卡兒
Rene Descartes

笛卡兒是法國著名的哲學家和數學家，因將幾何坐標體系公式化而被認為是解析幾何之父，同時他還是一名物理學家，也因為他擁有哲學上的思考邏輯，面對數學與物理科學時抱持著「懷疑」的主張，是西方現代哲學的開創者，留下名言「我思故我在」，深深影響後世，開拓了歐陸理性主義哲學。

　　笛卡兒拿起了一本新的書籍閱讀，才看到一半便對書中提到的幾項言論產生質疑，讓他忍不住喃喃自語道：「不要相信你眼前所看到的，首先要對它抱持著懷疑！」笛卡兒一生窮困，但卻不阻礙他對真理的探索、懷疑，這是他研究真相的一種方法。

行動十分緩慢的人，只要始終循著正道前進，就可以比離開正道飛奔的人走在前面很多。

　　西元 1596 年笛卡兒出生在法國的貴族家庭，不過家庭的貴族身分在當時地位較低，在他 1 歲左右母親就罹患肺結核去

▶**C.E.1596**
笛卡兒生於法國

▶**C.E.1628**
移居荷蘭

▶**C.E.1637**
發表《方法論》

世，小小年紀的笛卡兒也受到傳染，造成他體質非常差、體弱多病，因此他十分注意自己的健康，成為一個實際的素食者。自從母親去世後，父親就把笛卡兒留給了他的外祖母，父親則另組家庭，至此兩人很少見面，幸好父親一直都提供金錢上的幫助，使笛卡兒能夠在良好的環境下接受教育。

在笛卡兒 8 歲時就進入耶穌會的學院學習數學和物理，父親雖然沒與他再見面，但還是期望笛卡兒可以成為一名律師，於是大學時笛卡兒選擇就讀法律科系。只不過大學畢業後，笛卡兒一直對要從事什麼樣的工作搖擺不定，於是他決定先加入當時荷蘭的軍隊，隨著軍隊到處去遊歷。

當時法國的教會勢力非常龐大，而且新舊教的衝突不斷，大大小小的喋血事件層出不窮，讓人們的信仰備受打擊。即使笛卡兒從小在耶穌會的學院長大，他也謙稱自己是虔誠的教徒，但是對笛卡兒來說，心中對許多理論與教義已經有著疑惑和探究，因為在故鄉不能自由地討論問題，於是退伍之後，笛卡兒便定居在荷蘭，在那裡開始了他長達二十幾年的學術研究。

笛卡兒認為不管要求得任何知識，都要有正確的方法，所以他始終遵循哲學上的態度——普遍懷疑，唯有透過懷疑的思考模式，才會促使人們去思考身旁事物的變化，他相信理性比感官的感受更可靠。而透過笛卡兒在哲學上的體悟，結合了他

在邏輯、幾何和代數當中的發現，歸納出以下四種規則：

❶絕不承認任何事物為真，對於能夠完全不懷疑的事物才能視為真理。

❷每個問題必須分成好幾個，再從每一個簡單的部分來進行處理。

❸思考的時候必須從簡單到複雜。

❹時常進行澈底的檢查，確保自己沒有遺漏任何東西。

笛卡兒提出懷疑本身就是真實存在的，所以我們無法質疑「懷疑」這件事，但現實世界必定存在一個完美的實體，因為人們不可能從不完美的狀態去得到完美的理論，結合他對宗教的信仰，那就是上帝，有了上帝這完美的存在，笛卡兒才可以確信世界真的存在，而且所有被證明過後的數學、邏輯等理論，都會是正確的，他認為：「當我們的理智能夠清楚地認知一件事物時，那麼該事物一定不會是虛幻的，必定是如同我們所認知的那樣。」

我思，故我在。

　　除了在哲學上提倡理性主義、懷疑的理論，笛卡兒在數學及物理上也有諸多研究，透過他事事懷疑、事事分析的態度，讓他發現了代數與幾何學的關聯。這兩者之中，笛卡兒引進了他定義的坐標與線段的運算方式，笛卡兒坐標系也稱為直角坐標系（如圖1），由兩條互相垂直、相交於原點的數線構成，平面內的每個點都會有水平（x）與垂直（y）的位置，於是坐標便可以寫作（x,y）。

　　他也透過代數方程式轉譯了幾何圖形，例如：平面上 $y = x$ 代表水平坐標等於垂直坐標，將所有點連結起來便成了一條直線。而在平面坐標中，可以計算更為複雜的變化，也就是代數曲線，後來更被稱為「笛卡兒葉形線」：$x^3 + y^3 - 3axy = 0$，其中 a 為常數，在極坐標的方程式為 $r = \dfrac{3a\sin\theta\cos\theta}{\sin^3\theta + \cos^3\theta}$。後世的數學家更利用笛卡兒所發明的坐標、曲線，來完善微積分的計算方程式。以下是笛卡兒葉形線的性質（圖2）：

❶笛卡兒葉形線（藍線）打了一個圈。

❷其漸近線（黑虛線）為 $x + y + a = 0$

❸打圈圍出的面積＝曲線與漸近線所夾的面積。

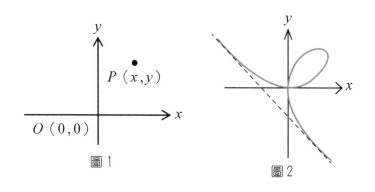

圖1　　　　　　　　　圖2

虛無生虛無。

　　在那個宗教混亂、不斷爭戰的時代，笛卡兒提倡了他的懷疑理論以及理性主義，為當時的哲學、數學界帶來了變數。而正因為有了笛卡兒帶來的解析幾何與辯證的思想邏輯，讓後世的數學家們才得以採用這樣的基礎，進行微分與積分的研究。

重要成就

❶開創理性主義、二元論。
❷創立解析幾何（代數與幾何學的結合）。
❸創造發明坐標、笛卡兒葉形線。
❹發表《幾何學》、《哲學原理》、《方法論》。
❺推導光的折射定律。
❻創立漩渦說。

安東尼・范・雷文霍克

Antonie van Leeuwenhoek

雷文霍克原是荷蘭的布商，後來因為興趣開始打磨鏡片，沒想到在使用鏡片的當下發現了微生物，自此開啟微生物學的大門。他在顯微鏡下觀察自己的精液並從中發現精細胞，而其最為著名的成就之一就是改進顯微鏡以及微生物學的建立，後來更有光學顯微鏡與微生物學之父的稱號。

「天啊！這水裡竟然還有這麼多生物！」書桌前的人驚訝地大喊，原來是雷文霍克正在實驗自己新磨鏡片的功效，萬萬沒想到自己磨好的新鏡片，竟然為世界窺見了更加精細的角度。

西元 1632 年雷文霍克出生於荷蘭的戴夫特，父親是個釀酒商，在他很小的時候父親就過世了，因此雷文霍克從小就到雜貨店學習做生意，沒有機會接受高等教育。為了讓自己多一些技能，雷文霍克便和雜貨店附近的眼鏡師傅學習，沒想到一接觸之後，發現自己意外對磨鏡片有很大的興趣，然而為了討

▶ C.E.1632
雷文霍克生於荷蘭

▶ C.E.1673
將微生物發現寄給皇家學會

生活，只接受到高中教育的雷文霍克想成為一名裁縫師，因此又去學裁縫。

昔日習得打磨鏡片的技術並沒有荒廢，因為身為布商需要檢視布料的品質、細節，所以雷文霍克都是使用自己打造出來的鏡片，來觀察商行裡的商品品質。除了應用在工作，雷文霍克也將這技術變成一種興趣，他用不到一公分的玻璃珠，細細地打磨出擁有放大效果的鏡片，可以作為眼鏡、放大鏡，甚至著手打造一台顯微鏡，親自透過顯微鏡觀察身邊的各項事物。

就在西元 1673 年的某一天，英國皇家學會收到一封來自荷蘭的信，信裡的內容非常地跳躍，幾乎完全不能連貫在一起，一下寫著數學公式，一下又寫到蜜蜂的針長什麼樣子，然後參雜了許多非英文的文字，最後描述不同動物的毛在放大鏡下觀察究竟有什麼樣的差別。在當時，若是皇家學會收到來信，一般都是會在公開場合朗誦，然而當時公開此封信件內容時，學會裡的人都以為是出自某個想要吸引別人注意的無知之人，全都帶著訕笑和嘲弄，並沒有認真聆聽信件中究竟說了些什麼。但在當時的學會中，參加的會員還有名號響亮的波以耳、虎克和牛頓，他們卻聽出了信件內不同凡響的發現，於是便在信件發表完之後，立刻照著信上的地址回信，希望對方可以將他發現這些內容的工具寄來讓他們參考，原來寄出這封信件的人正是雷文霍克。

▶C.E.1680	▶C.E.1683	▶C.E.1723
發現魚身上血液的迴圈	發現細菌	雷文霍克逝世

　　有一次，雷文霍克經過有著許多大大小小水窪的道路邊，突然跳出隻青蛙，也正因為對青蛙的注意，他便想著擷取這水窪裡的水回去觀察。沒想到只是想要試用自己新造顯微鏡的功能，才拿取素材回來觀察，卻因此開啟微生物學的大門。因為雷文霍克當時打磨鏡片的技術可說出神入化，別人只能放大 20～30 倍的倍數，他竟能達到 200 多倍的放大倍數，所以當他把水滴放在顯微鏡下時，便讓雷文霍克開啟了一個完全不同的世界。

　　水滴裡充斥著滿滿的微生物，被這項發現鼓舞的雷文霍克趕緊又取得手邊能找到的素材，一個接一個進行觀察，為了不破壞這一幅幅顯微鏡下的世界，雷文霍克寧可重新做一台顯微鏡，光是他打造的顯微鏡就有將近 500 多台。一開始這樣的發現並沒有馬上被英國皇家學會認同，而雷文霍克也不是很在意別人是否認同或讚美，純粹只是基於發現這美好秘密的喜悅。直到他回覆波以耳的信件後，英國皇家學會使用他的鏡片反覆實驗，終於確認他的發現是多麼驚人，才讓他加入皇家學會。

　　有好幾次皇家學會發出邀請函，邀請雷文霍克發表成就，但他從來都沒有參加，對他來說，自己只是一個荷蘭布商，科學並不是他的興趣也不是他所嚮往，他只是喜愛打磨鏡片以及透過鏡片觀察，所以直到 90 多歲高齡，他從來沒有離開過自己的家鄉和工作室。不管雷文霍克是否曾想走向科學之路，但他一直都專注在拓展自己的專長，努力對著一項技術不斷地打磨、練習，最後因此而發光，成為無人能超越的專家，看見別人所無法看見的世界。

　　熟知自己興趣和目標的人，並不會因為別人認同與否而感到灰心喪志，雷文霍克抱持著一種分享的心態，來告訴其他人自己對微觀世界的觀察，也正因為他的耿直和專注，直到終老，雷文霍克始終很快樂地在自己的工作室中，與自己喜愛的顯微鏡、微生物，與各個擁有美麗世界的顯微鏡片生活著。

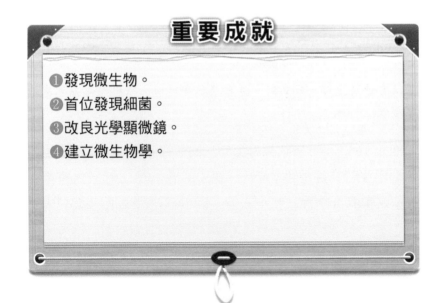

重要成就

❶發現微生物。
❷首位發現細菌。
❸改良光學顯微鏡。
❹建立微生物學。

艾薩克·牛頓

Sir Isaac Newton

> 牛頓的一生締造了許多科學上的貢獻，數學、物理、天文、自然哲學，甚至煉金術都有他的蹤影，發表《自然哲學的數學原理》，闡述萬有引力和三大運動定律，奠定了力學和天文學的根基，成為現代工程學的基礎。尤其在物理學的領域中，為我們帶來躍進式啟發，後人稱呼他為「物理學之父」。

　　咚！一顆蘋果從樹上砸了下來，滾到了牛頓的身旁，牛頓抬頭看著蘋果樹疑惑著：「為什麼蘋果總是垂直的落到地上呢？」一種對周遭事物觀察產生的好奇心，開啟了人類科學的一大躍進。

我並沒有什麼方法，只是對一件事情很長時間、很熱心地去考慮罷了。

　　西元 1642 年英格蘭林肯郡的沃爾斯索浦農村，牛頓誕生了。他出生時其實是個早產兒，體重只有 1.36 公斤，大家都很擔心牛頓能否存活下來，任誰也不知道這麼脆弱的小嬰兒未

▶C.E.1642
牛頓生於英國

▶C.E.1669
獲頒數學教授席位

▶C.E.1687
發表《自然哲學的數學原理》與萬有引力定律

來竟然會成為一位名垂青史的科學之父，為人類在科學領域中提供了偉大的貢獻。

牛頓的父親在他出生前便去世，母親生完他後沒多久就改嫁，因為牛頓不喜歡他的繼父，母親便將他託付給外祖母，從此小牛頓便由外祖母撫養，直到繼父過世後他才和母親重新生活在一起。牛頓原本在鄉村的學校念書，當時的他並不算聰明，也無心在功課上多加努力，後來因為同學的嘲笑，而那位同學的功課又比他好，激起他想要奮發向上的鬥志，於是勤勉衝刺。自此，牛頓的功課開始名列前茅，成為優良成績的佼佼者，甚至在他 12 歲的時候就進入格蘭瑟姆的皇家中學唸書，後來更在 18 歲的時候考上劍橋大學。

少年時的牛頓並不是天才，表現也沒有多突出，但他的興趣卻很廣泛，同時又很細心觀察身邊的事物，喜歡讀書、自己動手製作模型，對於不明白的狀況總是投入心力去實驗、研究原因，舉凡風車、水鐘、燈籠等，都是牛頓親自嘗試製造過的物品，製作的過程中他還會加入自己的想法進行實驗。有一次，他求學時寄宿的房子附近正在建造風車，牛頓在一旁觀察風車的機械轉動原理後，也如法炮製了一架小風車，然而他製作的風車轉動動力不是風，而是動物：牛頓將老鼠綁在一架有輪子的轉輪上，然後在輪子的前面放上玉米，老鼠想吃食物，就會不斷的跑動，於是輪子便有了動力。

▶C.E.1703
擔任英國皇家
學會會長

▶C.E.1704
發表完整的微積分理論

▶C.E.1727
逝世，享年 85 歲

　　牛頓透過切身學習，親自去感受知識，有一次在牛頓的家
鄉刮起大風暴，家家戶戶都躲在家裡不敢出來，大風呼號著、
捲起塵土飛揚，伸手不見五指。牛頓認為這是個可以準確地計
算風力的好機會，當母親讓他出去將棚門關好時，他竟拿著用
具，在暴風中來回奔走，只為測出順風與逆風的速度差、風力
大小。不管暴風有多強勁、沙塵有多刺眼，這些阻礙都沒有動
搖牛頓求知的慾望。

思索、繼續不斷的思索，以待天曙，漸近乃見光明。

　　進入劍橋大學就讀的牛頓，在這樣一個充滿知識的殿堂，
他開始接觸大量的自然科學著作、講座，使他瘋狂地索求知
識，拚命地閱讀像是當時的現代哲學家──勒內‧笛卡兒的著
作，以及物理、數學、天文前輩留下的先進思想，如伽利略、
哥白尼和克卜勒等作品。當牛頓 23 歲從劍橋大學畢業時，剛
好瘟疫流行，使得本來想繼續在學校深造的他只能返回家鄉，
從這時侯開始，開啟了牛頓不斷自我研究、產生科學貢獻的巔
峰時期。

　　在回家自我學習期間，牛頓發現了廣義二項式定理，也就
是後來的微積分。那時候的他因為現有的幾何跟基礎代數，無
法滿足他的科學需要，他發現數學家們能計算船行駛的速度，

但他們無法計算出當船隻加速時產生的速度，無法利用數學方法來計算變量問題。牛頓花費將近 18 個月的時間使數學算法公式化，他稱為「流體力學」，也就是今天我們所稱的「微積分」。牛頓將數學上的成就出版了《自然哲學的數學原理》，內容是透過數學方法計算出行星的運動和橢圓形軌道，這本書雖然是數學原理，卻也是奠定往後研究力學、質量等基礎。

　　瘟疫危機解除後，牛頓回到劍橋大學擔任教授，那時他負責講授光學，因為他曾經在學生時期買了一個稜鏡，用它試驗白光如何分解為有顏色的光：牛頓使用一個燈和一個三稜鏡，通過三稜鏡把白光分離成彩虹的色彩，稱為光的色散現象，這是因為不同色光在介質中的傳播速率不同所致。將反射光線照射到另一個稜鏡後，又把彩虹光束恢復成白光，由此證明白光是由多種顏色的光所組成。牛頓後來另外分離出單色光束，將其照射到不同的物體上，發現色光的性質不會改變：無論是反射、散射或發射，色光都會保持同樣的顏色，所以我們日常觀察到的顏色，其實是物體與特定有色光相合的結果，並非由物體產生顏色，所以他得到一個結論：「任何折射望遠鏡在使用時，都會發生因光線穿透鏡片後散射成不同顏色的影響」。

聰明人之所以不會成功，是由於他們缺乏堅韌的毅力。

　　已知在不同角度下，三稜鏡能折射出不同顏色而產生一個模糊的影像，為了能進一步改善，牛頓提出可以利用反射鏡，也就是牛頓的另一項偉大發明——反射望遠鏡。這是我們在學習物理科目中很重要的主題——光學，包含光的折射和傳播、透鏡成像與折射，便是從牛頓當時出版的《光學：光的折射、

反射、繞射和顏色》著作，後人不斷地討論驗證的結果。

後來牛頓實驗完光學，又重新投入力學的研究中，在《自然哲學的數學原理》書中，有著他後來創立出來的三大運動定律：第一定律〈慣性定律〉、第二定律、第三定律〈作用與反作用力定律〉，描述物體與力之間的關係，被譽為是經典力學的基礎，以及後來發現並定義的萬有引力。

❶第一定律是除非有外力，不然物體會保持靜止，或保持等速運動。就像如果你將一顆球丟出，排除地面的摩擦、風的阻力，球會一直往前滾動不會停止；還有就是我們的桌椅，若非透過外力去搬動他，不然桌椅是不會動的。

❷第二定律是當物體受外力作用，會順著這個外力的方向做加速度運動。給予的外力力量愈大，物體的移動速度也會愈快，公式為：物體所受到的外力$\vec{F}$＝質量m× 加速度$\vec{a}$。以球來舉例，當我們對滾動的球施予更大的推動力量，球勢必滾得更快囉！

❸第三定律其實就是延續前面兩個運動而產生的原理，一開始物體遵循慣性保持靜止，當我們推它的時候，物體就有了加速度且會因為受力而產生運動，所以牛頓又研究出第三定律：當你對物體施加力量的同時，物體會產生大小相同但方向相反的作用力。舉例來說，如果我們用拍的方法來為球給予推動力量，拍的愈大力，手感受到的痛感會愈大，那便是我們施力在球上所產生的反作用力。

　　而《自然哲學的數學原理》這本書定義出萬有引力、提出三大運動定律的基礎概論，以及闡明動量和角動量守恆的原理。動量實際上便是牛頓第一定律的推論，說明動量是向量而且守恆，在一個封閉的系統裡，動量的總和不可能改變。在牛頓發現動量以及繼續延伸出第二定律的同時，他也發現角動量的概念，也就是物體的位置向量和動量的外積，公式為：

角動量 L＝位置向量 r×動量 p

❶當物體的運動狀態（動量）發生變化，則表示物體受力作用，而作用力大小就等於動量的時變率（時變率為隨著時間變化的速度）：$F = \dfrac{dp}{dt}$。

❷當物體的轉動狀態發生改變時，表示物體受到力矩作用，而力矩就等於角動量的時變率：$\tau = \dfrac{dL}{dt}$。

　　《自然哲學的數學原理》這本書完整呈現了牛頓在力學上的論點，通過論證了克卜勒行星運動定律，與他的重力理論間的一致，奠定了太陽中心學說的理論，包含之後推動的科學革命，也是依據這本書而有強大的理論支持。透過力學的延伸，牛頓同時發表了冷卻定律和音速的研究。

❶冷卻定律是在說明一個物體損失熱的速率，和物體及其周圍間的溫度差成比例。亦即一個物體和其周圍若處於不同的溫度，則物體會和周圍達成一個相同的溫度，例如一個比較熱的物體，會因為周遭環境溫度較低而降溫，因為它將溫度散發出去使其周圍變溫暖；反之亦

然。於是當我們在考慮一個物體冷卻的時間有多快時，牛頓稱之為冷卻速率，定義為在一定的單位時間內，有多少溫度改變。

❷牛頓發表關於音速的研究內容，則是在解釋聲音的速度，定義為單位時間內振動波傳遞的距離。牛頓的研究說明了音速和傳遞介質的材質狀況有絕對關係，例如密度、溫度、壓力等，與發聲者本身的速度無關。

沒有大膽的猜測，就作不出偉大的發現。

除了力學以外，牛頓中年生活也在數學領域上做出了巨大的貢獻。在歐洲，很多歷史學者都相信牛頓和同時期的數學家——戈特弗里德・萊布尼茨，共同研究及發展微積分學，這在數學發展的里程碑上是一大躍進，是研究極限、微分學、積分學和無窮級數的數學方法之一，最主要的公式概念如下：

$\lim\limits_{n \to \infty} X_n = L$，其中 L 便是極限的值。例如：$X_n = \dfrac{1}{2n}$，那麼 $\lim\limits_{n \to \infty} \dfrac{1}{2n} = 0$。

而牛頓除了發明微積分學外，他在數學上還有個專屬個人的發現，即發現了一個恆等式，同時也用他自己的名字來命名，稱為「牛頓恆等式」，這是一個廣義二項式定理，適用於任何冪數。牛頓分類了立方面曲線，在有限差的領域裡提出了重大理論，並首次使用分式指數和坐標幾何學得到方程式的解。

二項式定理是在描述冪的代數展開，根據該定理可將

$(x + y)^n$ 展開為類似 $ax^b y^c$ 項之和的恆等式，其中 b、c 均為非負整數且 $b + c = n$，係數 a 是依賴於 n 和 b 的正整數。例如：$(x + y)^4 = x^4 + 4x^3 y + 6x^2 y^2 + 4xy^3 + y^4$。

如果我看得遠，那是因為我站在巨人的肩上。

　　牛頓的一生在力學、數學、光學上發明了許多理論和定律，提到牛頓大家幾乎都會想到那個掉下來的蘋果。時間長遠，延伸出各種關於蘋果的版本，然而最有可信度的情形是：當時牛頓對於蘋果為什麼只會垂直掉落，而不會斜的或用其他方式掉落感到好奇，雖然那個時期已經有其他科學家定義出重力，但牛頓認為這並不只限於地球，進而延伸到研究天體系統。故事的真實性目前無從考察，但可以知道的是，牛頓一生的貢獻與創作，幾乎都是從周遭生活細心觀察、思考而產生的結果，他從小就是一個喜歡研究各種未知，對於好奇的情況會透過實驗去研究，牛頓有這些偉大的成就也並非從小就是個天才或資質聰穎，而是因為他擁有勇於嘗試、研究的精神，對知識渴求的執著，同時還對於自己喜愛的廣泛興趣有著永不熄滅

的熱情。牛頓寫下了很多科學巨著，我們不僅可以學習他遺留下來的貢獻，還可以向他探索、求知的精神學習！

真理的大海，讓未發現的一切事物躺臥在我的眼前，任我去探尋。

重要成就

① 發現萬有引力。

② 提出三大運動定律。

③ 提出廣義二項式定理、牛頓恆等式、牛頓法。

④ 確定冷卻定律。

⑤ 發表光是由非常微小的微粒所組成，而普通物質是由較粗微粒組成。

⑥ 發表《自然哲學的數學原理》。

卡爾・馮・林奈

Carl von Linné

林奈為瑞典植物學家、動物學家和醫生，更是瑞典科學院創始人之一，他以植物的種名和屬名分類植物，後來更延續到動物的分類，奠定現代生物學命名法中「二名法」的基礎，有人說林奈是大自然的觀察者、生物分類學之父，被認為是現代生態學之父，後來的科學界稱：「要有物理學，來了牛頓；要有生物學，來了林奈。」

　　「大自然的體驗，使我與上帝的創造有第一手的接觸。我是個發現者，同時也是上帝的見證者。」抬頭仰望著山林裡的群樹，林奈發自內心的感悟，透過手中的紙筆，寫下大自然想要傳達給他的訊息。

假如我有一些能力的話，我就有義務把它獻給祖國。

　　西元 1707 年林奈出生於瑞典南部的一個小鄉村，他來自一個平凡的牧師家庭，父親原本是一個只有名字沒有姓的農夫，但是因為天生喜歡植物，所以自己用瑞典文裡的菩提樹，做為家族姓氏的字詞。而林奈父親喜愛植物的心，似乎也傳承

▶C.E.1707　　　　　▶C.E.1735　　　　　▶C.E.1741
林奈生於瑞典　　　　發表《自然系統》　　瑞典皇室頒發榮譽給林奈

給了林奈，他跟在父親身邊學習，因此認識不少植物。而且林奈從小就喜歡寫日記，他會觀察並記錄生活中的點點滴滴，這樣的習慣也影響他後來作為生物科學家的觀察和紀錄原則。林奈小時候成績並沒有特別突出，一開始也沒有對自然科學有特別大的興趣，直到某一天他讀到《物理神學》這本書，裡面提到昆蟲的結構、大自然的風景和感受，啟發他對自然的觀察和留意。

正好林奈的家鄉是瑞典擁有最多自然景觀的地方，草原有著各種花草，被波羅的海所環繞，周遭許多生物和昆蟲都是林奈最好的自然教室。上學期間有些課程或傳統的教育讓感人到無聊、無法適應，他就跑到森林、草原中散步，即使對學校的課程感到失望，林奈高中時的生物成績卻是全班第一，但文學方面卻不盡理想，最後遭到退學。

父親瞭解林奈的長處，於是便帶著他去找當地醫學院裡的羅斯曼教授，剛巧羅斯曼教授是高中生物課的代課老師，他明

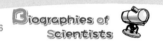

白林奈在生物學上的天分，於是親自指導林奈，帶領他看見生物學中更深層的奧妙。在羅斯曼教授的指導下，林奈在生物學上的造詣愈來愈高，也重新補強其他的學科，後來便前往烏普薩拉大學習醫。

在大學求學期間，林奈遇見植物學的權威——史多貝宜斯教授，史多貝宜斯教授非常看重林奈，把自己珍藏的植物標本、書籍出借，希望可以幫助林奈在生物學中邁向更高的發展。在烏普薩拉大學求學時，林奈離習醫之路愈來愈遠，反而是對動植物學更有興趣，後來也因為生物方面的表現突出，林奈被學校聘用為助教，他總是在學校的花園裡教課，和學生們一起拿著筆記本，觀察校內的一草一木，這樣特別又有趣的課程，讓林奈非常受到學生喜愛，過沒多久就直升為專任講師。只不過林奈這樣特殊的教學方式，雖然受到學生的歡迎，看在其他教授眼裡卻不是如此，於是在其他教授的反彈之下，林奈被學校解僱了。

被解僱之後林奈並沒有沮喪太久，他決定開始旅行，去尋找世界各地自己沒看過的動植物們，於是林奈背上行囊，獨自一人啟程。這趟旅程促成了林奈後來在動植物學上的成就，為了可以看見更多獨特的標本和生物，林奈參訪各國植物園，甚至潛心在園裡研習。西元 1735 年時，林奈把幾年下來的觀察心得，出版《自然系統》一書，打開近代生物學的起點，他把大自然劃分為三個界：礦物界、植物界和動物界，而且在書裡分享到：雄蕊與雌蕊結構是植物分類的特徵，可以透過雄雌蕊的不同，來作為分類的依據。過去的生物學總跟醫學綁在一

起，而林奈的這本觀察報告，讓生物學第一次有了一個完整的描述，完全系統地獨立出來，所以林奈才會被後來的人們稱為「生物分類學之父」，因為他的貢獻，使生物學逐漸成為一個獨立的科目，且受到科學界的重視。

　　《自然系統》的出版，讓林奈的名聲傳遍整個歐洲大陸，而這樣嶄新的生物分類原則，很快就得到支持與傳頌。西元1741 年時，瑞典皇室還特地聘回林奈，頒布「林奈為全世界第一位專教植物學的教授」給他，邀請他擔任烏普薩拉大學的教授，因此烏普薩拉大學還成為當時生物學的重要教育中心。身為皇室特聘的教授，林奈從此不再受到傳統的束縛，他總是帶著學生們往山上、往海邊探勘，用自己的雙眼實地觀察大自然的訊息。西元 1753 年，林奈又發表了新的著作《植物種誌》，書中描寫植物的生長和區域分布深受環境影響，所以認定環境是生物繁殖的限制，林奈認為環境影響植物，而植物的生長也會影響環境。除此之外，書裡還採用林奈自己創造的「二名法」，也就是以植物的屬名與種名來命名，總共分為：綱、目、屬和種。因為在當時若是有人找到了新的物種，需要很長的單詞來寫下名稱，於是林奈便將物種名稱統一成兩個拉丁文單詞作為名稱，也就是現在所說的「學名」，可以更加便利和系統化的為生物做分類。

　　為了將生物的物種進行更完整的分類，林奈下足了龐大的心力，隔年便將植物依照生長區域，分為：水域、山域、陰域、草域、岩域、寄生植物。因為林奈認為若是能將生物精確的分類，便是為人們開啟認識上帝的一扇窗，使人們明白上帝

創造生物的用意和法則。這樣的想法不只侷限在植物學上，林奈也將這樣的分類想法延伸到動物身上，他在西元1758年時，將動物分為：哺乳類、鳥類、兩棲類、魚類、昆蟲類與蠕形動物類，其中哺乳類一詞也是林奈自己觀察後創下的名詞，這項分類法，至今我們生物學仍使用著。林奈的一生就如同他在著作裡說到的：「我只是大自然的觀察者，寫出他們想要告訴我們的事情。」他能夠有今天的成就，來自於他對動植物們的細心觀察，與記錄下來的龐大數據，若是沒有他一步一腳印的筆記，林奈也不會發現自然科學當中的秘密，動植物們竟然有這些差異和影響的因素。他就像中國古老的神農氏，勤懇地瞭解人類的未知，有了他的努力，才有近代生物學的研究，至今許多生物、遺傳、生態學都因為有林奈的奠基，才有現在活躍的發展。

重要成就

①創立生物分類學。
②奠定二名法的基礎。
③率先定義哺乳類的動物分類。
④發表《植物種誌》、《自然系統》。

詹姆斯·瓦特

James Watt

瓦特曾擔任英國與愛丁堡皇家學會院士，是英國著名的發明家、機械工程師。他透過改良蒸汽機、發展馬力的概念，與發明其他工業用具，奠定英國工業革命的重要基礎，是工業革命時期的重要人物，把製造業徒手操作推向機械化，後來國際標準單位還用他的名字來為「功率」單位命名。

「嗚嗚～～」爐子上的水壺正冒著熱氣，蒸汽不斷地向上冒出而掀動著壺蓋，水壺蓋劈裡啪啦響個不停，小瓦特便問著：「為什麼水壺蓋會一直掀開呢？」但是身邊卻沒有任何人可以為他解惑。

好奇心是一個孩子認識世界的捷徑。

西元 1736 年瓦特出生於英國蘇格蘭，天生體弱多病，從小身體上就有許多病痛，使得他的性格顯得有些內向而容易焦慮，時常需要父母親的照顧。瓦特的父親是負責製造船隻和航海用具的木匠，因此家裡擺放不少木船，當時瓦特的家庭是富

▶C.E.1736
瓦特生於英國

▶C.E.1776
成功發明蒸汽機

裕且具有名望的，所以靠著優渥的環境，讓小瓦特得以接受良好教育，但不知道是環境還是內向的個性使然，瓦特小時候卻不喜歡上學，總是拒絕到學校上課。不過雖然他抗拒上學，但小瓦特本人還是很喜歡讀書，尤其對數學有著極大的熱情。

　　瓦特擅長手工藝，從小就經常在父親的店裡玩弄各種儀器以及使用父親的木匠工具打造出不少模型。富裕的家庭讓瓦特得以安穩且快樂的度過童年，但好景不常，在他 17 歲時母親因病去世，父親的航海事業又遇上天災和買賣的瓶頸，家境一下子跌落谷底，不只父親身心深受打擊，瓦特也必須自食其力，只不過他不善與人交際無法經商，身體屢弱又無法依靠勞力賺錢。某天他待在父親的工作室裡，一邊煩惱一邊摸著自己製作出來的模型，這讓瓦特靈光一閃：「我何不專注地往機械製作去發展呢？科學和數學研究都是我喜歡的事情，不如就往這條路發展好了！」這樣的想法竟為後來的英國埋下了工業革命的種子。

　　透過親戚的牽線與介紹，瓦特在母親的故鄉格拉斯哥城裡學習，希望能夠往他的理想職業——機械師的目標更接近。在大學的知識學習以及和許多教授互相交流，終於讓瓦特得以向一位機械師——強生·摩根拜師學藝，他的師父技藝超群，對於教導瓦特並不藏私，過程中瓦特也付出了相對的努力，每天認真地完成學徒的工作，且為了讓自己的機械技術能更加純熟，

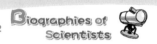

他總是花費更多的時間練習，這樣加倍的辛勤努力，使瓦特在一年之間便學會別人三四年的功夫。

在探究機械理論、改進機械構造和給機械注入新的動力方面，我付出了比他人更多的艱辛。

學藝有成之後，瓦特便打算重新回到故鄉發展，但是每個行業都有各自的行規，瓦特只是一個外來的學徒，甚至也沒有當地任何機械工會的保障，所以一時間城內並不允許他展業。還好誠懇、勤奮的人總會被上天眷顧，雖然瓦特並不善於處理人際關係，但因為他對機械的態度十分認真和專注，讓格拉斯哥大學的迪克教授相當欣賞。教授看見瓦特的細膩與老實，所以委託他修理大學裡損壞的天文學機械，教授還特別為此向教會申請，同意讓瓦特開設自己的機械店鋪。

正因為瓦特年紀輕輕卻有著超越一般機械店鋪的技藝，以及勤奮、努力的表現，使他總是比預定時間提早完成，同時還保有優良的品質，讓城裡不少人注意到他。在大學教授與學生的光顧下，瓦特的店鋪愈來愈熱鬧，吸引更多人們前來委託。只要有人對於他的機械設計與科學知識提問，瓦特也會認真地向人解釋，於是店裡匯聚不少人，彼此交換心得或討論，也成為大學裡許多研究科學的學者和學生流連忘返的地方。知識與經驗的交流，讓瓦特在研究路上，懂得更多科學知識與應用方法，也是在這個時期，瓦特認識了約瑟夫・布拉克教授，布拉克教授發現了二氧化碳，同時是熱學研究的權威之一，在彼此知識交流過程中，瓦特和教授以及一些學生們成了知己。

我沒有浪費過我有限的時間。

　　瓦特的機械店鋪開設將近四年的時間，他對於一般的維修與打造的工藝可說是無人能出其右，不少朋友也鼓勵他可以對其他機械進行研究。那時候格拉斯哥大學裡有台紐科門蒸汽機正在倫敦進行修理，於是從未真正接觸過蒸汽機的瓦特，特別請求學校取回蒸汽機並交給他親自進行修理，因為瓦特過去的工作績效與為人都有著良好的評價，學校很快地答應了他的要求。

　　當瓦特一接手這台蒸汽機後，他發現維修過後雖然可以繼續運作，但工作效率十分低，也相當耗能。因此瓦特獨立出新的空間來進行實驗，他發現蒸汽機的活塞每推動一次，蒸汽都要先冷凝、再加熱，使得熱量都消耗在維持溫度上，持續的耗損只會讓蒸汽機很快壽終正寢，於是瓦特想到：「若是將冷凝器與氣缸分開呢？」身為一名機械師，腦袋裡總是有著豐富的想像力，好在瓦特的手藝跟得上他的創意，立刻著手打造一個可以分離運轉的模型，使得蒸汽機的氣缸溫度能夠維持。

　　雖然這樣的模型的確可以運作，但只是建立分離運轉的模型，離實際建造一台蒸汽機的目標還有遙遠的距離，且這中間還須龐大的資金來支付材料費，以及實驗耗材跟鐵匠的工藝。好在這幾年下來瓦特認識不少教授與客戶，他們聽聞瓦特想要改良老式蒸汽機的消息，紛紛提出自己的幫助，這些資助者中，便有一位曾來光顧過瓦特店鋪的約翰‧羅巴克，他擁有一間卡倫鋼鐵廠，同時也是名成功的企業家，因此除了提供資金和鋼鐵廠的幫助，他也向瓦特提議合夥。

　　在第一次試製過程中，許多鐵製的技術並不純熟，鐵匠們的手藝跟不上瓦特的設計，不管怎麼做都無法達到他的期望，也因為羅巴克後來生意失敗，蒸汽機的合作便跟著停擺，讓瓦特只能尋找其他工作，以求在工作之餘能繼續進行概念上的改良與研究。一晃眼將近二十年，直到瓦特遇見新的資助者——博爾頓，博爾頓是來自伯明罕的企業家，他看出新式蒸汽機的大好前景，於是包下所有的資助和技術提供，要瓦特只需負責研發就好。與博爾頓合作後，瓦特擁有了更好的設備及技術，特別是解決了活塞與大型氣缸密合的問題，在眾人齊心努力下，終於在西元 1776 年博爾頓瓦特工廠產出了第一台新型蒸汽機，一群人屏息以待試驗的成果，當看見鍋爐裡冒出期待已久的蒸氣，且引擎發出宏亮的運轉聲，所有人都大聲歡呼與擁抱。

發明一樣東西其實並不難，只要你做千百次稍有變化的試驗，然後看看這些不同試驗的不同結果就知道了。

　　在瓦特與其他鐵匠和製作者還在感動的時候，博爾頓立刻

發揮身為企業家的精神，在公開場合設置蒸汽機的實驗，同時邀請許多廠商與學者們前來參觀，新型蒸汽機在大批人潮眾目睽睽之下成功地運作，讓所有人大吃一驚，一時間消息便傳遍了整個英國，當下隨即吸引礦場業者訂購機器，從此瓦特的名聲也傳遍全世界。

我們知道個人是微弱的，但是我們也知道整體就是力量。

　　新型的蒸汽機實際運用在工業上後，瓦特便忙於各個礦場的安裝與說明，博爾頓瓦特公司的業績也直線上升，讓博爾頓與瓦特收穫不小的財富。但是有遠見的博爾頓並沒有止步於蒸汽機的成功，他要求瓦特繼續其他研究，包含如何將現行蒸汽機的直線運動轉為圓周運動，思考如何將蒸汽機結合在其他工業上。得到新目標的瓦特便將安裝的工作交接給其他人，重新回到自己的實驗室，思考如何才能將蒸汽機成為其他大型機械的動力來源。直到西元 1781 年，瓦特和他的雇員——威廉‧默多克，依照太陽與行星的概念，發明「曲柄齒輪」的傳動系統，成功地將蒸汽機功能拓展出新的應用。

在科學上面沒有平坦的大道，只有不畏勞苦沿著陡峭的山路攀登的人，才有希望達到光輝的頂點。

　　沉浸在研究裡的瓦特便將行銷與其他工作轉交給他人，專心研究，之後又發明「雙向氣缸」，他重新打造一個模型讓蒸汽能夠從兩端進出，同時推動活塞的雙向運動，讓蒸汽機的效能大幅提升。過去在使用蒸汽機時，都會擔心高溫以及高壓的運作過程，會伴隨爆炸和燙傷的危險，對此瓦特發明遠心調速

的自動調節裝置，不管試運轉過快或太慢，都會有相應的指示燈做提示。瓦特的成就，讓他被選為倫敦皇家學院的會員，甚至在國際單位制中更以他的名字來命名功率的單位，稱為「瓦特」。

瓦特為國際單位制的功率單位，定義是 1 焦耳／秒，即每秒鐘轉換、使用或耗散能量的速率，即 $W = \dfrac{J}{s}$，人們常以功率單位乘以時間來表示能量。

瓦特的家庭曾經富裕過，也曾貧困過，而他也是個容易焦慮、緊張與喪氣的人，但他從未放棄過自己的熱情與喜愛，瓦特十分瞭解自己，他明白孱弱的身體和害怕人群的心態，都不能阻擋他發展，所以瓦特從最初便堅定地告訴自己：「我要成為一名機械師！」在學徒過程中，他透過自己的勤奮與努力，一步步邁向世界偉大的發明家，以及工業革命的重要推手之路。

最好把真理比做燧石，它受到的敲打愈厲害，發射出的光輝就愈燦爛。

重要成就

①改造瓦特蒸汽機，造就工業發展轉捩點。

②發明離心式調速器。

③發明透印版的印刷。

④工業革命浪潮的推手。

⑤功率的國際標準單位以他名字命名。

⑥發展出馬力的概念。

約翰·道耳頓

John Dalton

> 道耳頓為英國皇家學會成員，為近代原子理論的提出者，提出關鍵的學說研究使化學領域有了巨大的進展。本身患有色盲症，所以特別對色盲有深入的研究，並發表一篇關於色盲的論文，後人為了紀念他，甚至把色盲症稱為道耳頓症。道耳頓終生未婚，摯友不多，他一生謙虛，不好張揚。

　　「親愛的約翰，你怎麼送我雙櫻桃紅的襪子呢？」道耳頓的媽媽開心地打開了禮物，卻發現顏色是年輕女性穿的，不免取笑道耳頓不會挑顏色。道耳頓覺得很奇怪，因為他怎麼看都覺得媽媽手上的襪子是棕色的，這個疑問成了道耳頓後來想要努力解答的問題之一。

一些人能獲得更多的成就，是由於他們對問題比起一般人能夠更加專注和堅持，而不是由於他的天賦比別人高多少。

　　西元 1766 年道耳頓生於英國坎伯蘭郡，那是一個貧困又偏僻的小村莊，村民們只能在狹窄的土地上種植大麥與棉花，

▶C.E.1766	▶C.E.1793	▶C.E.1794
道耳頓生於英國	發表《氣象觀測暨論說》	獲選為曼徹斯特文學和哲學學會會員

道耳頓的父親正是當地的佃農，承租別人的地而辛勤耕種。道耳頓的家境雖然窮困，但父母親總是教導孩子們要懂得勤儉，一家人可以開心地一起生活才是最重要的。知道家裡沒有什麼錢，道耳頓從小就熱愛學習，總是把握在教會裡唸書的時間，那時在當地教書的教師魯賓遜很喜歡他的認真和上進，於是特別允許他來閱讀自己的書和期刊。在啟蒙老師魯賓遜的身邊，道耳頓有幸閱讀到許多珍貴的藏書，開啟了道耳頓踏上科學之路的大門。

這樣幸運的生活一直發展到西元 1778 年，道耳頓小學畢業而魯賓遜也要退休，但村裡的人實在太窮困，根本無法支付學校的經營費用，就在道耳頓畢業典禮當天，村民們決定關閉學校，要求所有的老師們和校長全數離職。為了照顧村裡的學弟妹們，道耳頓只好留下來成為所有人的導師，教這些孩子們唸書識字。直到西元 1781 年，道耳頓的哥哥從寄宿學校畢業回來當老師，道耳頓才得以卸下這項責任，換自己前往寄宿學校就讀。

坎德爾寄宿學校是當時英格蘭北部最好的一所中學，坎德爾城位於倫敦與愛丁堡的必經之路，而倫敦和愛丁堡皆是當時英國許多學者往來的地方，所以學校常常挽留路過的學者們到校短期任教，於是這些額外的彈性課程，便開拓學生的眼光，啟發學生對科學的學習興趣。同時學校裡有間資源十分豐富的

▶C.E.1802
發表《溶液對氣體的化學
與機械吸收》

▶C.E.1803
在英國皇家學會裡進行
原子論的演講

▶C.E.1844
道耳頓逝世

圖書館，典藏不少科學家的原作，還存有仿製牛頓與波以耳的實驗科學儀器，道耳頓有幸能夠閱讀到牛頓與波以耳的原著，並且看著與實際操作他們曾用過的實驗設備，為他往後的科學之路打下紮實的基礎。

在這所學校中，道耳頓更是遇見影響自己一生的恩師——果夫老師。果夫是位盲人，但憑著自己的觸覺與嗅覺，他便能夠知道一定距離內的每棵植物與花朵，果夫覺得所有學生都有著無限的可能，未來或許可以比自己找出更多科學上的真理，所以他總是認真的教授課程，把自己所會的像是拉丁文、希臘文，甚至是法語通通教給學生，由於道耳頓的勤奮求學，更讓果夫願意教導他更多，包含天文、地理、數學，點燃了他對科學的熱情。

直到道耳頓中學畢業時，果夫便問他要不要留校擔任老師，並且負責維護實驗的儀器。為了能夠繼續進行研究和科學並跟在老師身邊學習，道耳頓毫不猶豫地答應了。在學校任教期間，道耳頓每週都會和果夫老師討論實驗與教學心得。西元1787年，道耳頓在果夫的鼓勵下開始記下氣象的觀測記錄，包括天氣狀況、溫度、溼度和氣壓。這時候養成的習慣，成了道耳頓堅持到臨終前一天的科學研究，長達五十七年之久的完整觀測數據，成為他在氣體性質研究方面的佐證，更提供後來科學家們相當實際的參考數值。果夫非常肯定道耳頓的努力，所以將他五年的觀測結果整理成冊，並在西元1793年出版《氣象觀測暨論說》。

　　正因為果夫將道耳頓過去所做的氣象觀測與所得的結論交給一所大學學校，成了道耳頓最大的推薦與保證，讓他這位沒有受過大學教育的人，卻能成為大學的教授。在新大學教書時，道耳頓才發現自己對顏色的判斷有問題，同時他也想起青年時，曾經送給母親一雙棕色的襪子，但母親卻說那是櫻桃紅色。於是道耳頓開始有系統地調查，發覺有部分的人是無法分辨紅色與紫色，這項發現讓道耳頓研究了許多典籍，卻發現醫學上仍然對這部分人體缺陷無法解釋，於是道耳頓以非生物學家，也非醫學家的身分，成為第一個研究色盲現象的人。

　　西元 1794 年，道耳頓整理自己的調查結果，在研究過程中為這樣的症狀命名「色盲」，並且提出自己的看法：色盲的成因是眼睛中的水液無法吸收紅色光所致，並發表他的第一篇研究論文《觀察研究視覺色差的特殊真相》。這個重要的發現引起許多生物學家和醫生們瘋狂的研究，後來的醫學界為了感謝道耳頓這項巨大的貢獻，把「色盲患者」稱為「道耳頓氏人」，同時還把罹患紅綠色色盲的症狀稱為「道耳頓症」。

　　雖然他的發現得到許多人讚美，道耳頓並沒有因此感到滿足，仍然埋首於自己的實驗桌，持續地對許多科學上的疑惑進行研究。像是「為什麼不同氣體在水中有不同的溶解量？」這是由於在水中加入石灰，會使水面上的空氣有碳酸存在，道耳頓便對溶於水中的碳酸與氣體中殘餘的氣體量感到好奇。為了這個疑問，他不斷地反覆進行實驗，持續將近有四個月之久，多次的實驗讓道耳頓發現，溶入純水中的碳酸氣體量與碳酸氣體的分壓會成正比，也就是水中吸收的氣體量與空氣中所含的氣體量存在一個固定的「比例」。

　　道耳頓將他的發現于西元 1802 年發表《溶液對氣體的化學與機械吸收》，裡面更加詳細地提到：我由實驗結果得知，水中吸收的氣體量、空氣中的氣體量，皆與氣體最終粒子的重量和數目有關，從不同氣體在水中溶解的比例，可以看出組成這些氣體最終粒子的相對量。這也正是道耳頓第一篇關於原子的報告，立刻激起科學界熱烈的討論。後世為了紀念發表的日子，將 10 月 21 日稱為「化學原子論的紀念日」。

　　其實在古希臘時就已經有位哲學家——留基伯，對原子提

出最基礎的概念。他認為物質是由不可分割的原子所組成，且原子是堅硬的、有一定形狀和大小，留基伯也認為原子會永恆的存在，可透過結合、分離，重新組合成各種物質。

　　道耳頓的原子說：

❶一切物質都是由稱為原子的微小粒子所組成，這種粒子不能再分割。

❷相同元素的原子，其原子質量與原子大小均相同；不同元素的原子，其原子質量與原子大小均不同。

❸化合物是由不同種類的原子以固定的比例組成。

❹所謂化學反應，是原子間以新的方式重新結合成另一種物質，在反應過程中，原子不會改變它的質量或大小，也不會產生新的原子，或使任何一個原子消失。

科學研究的最深動機，在於喜愛真理。

　　道耳頓的一生放棄了很多可以致富的機會，甚至曾有人指責他應該去做大事，而不是成為一名教者。但道耳頓並沒有理會這些聲音，或許是從小到大勤儉的習慣，他並不覺得這些財富或名聲有什麼重要，他只想專注地進行自己的實驗，並寫下這些研究的結果，整理著自己的看法然後抱持著分享的心態去發表。在他沒有刻意地追求下，許多讚美和成就反而自動來到道耳頓面前，因為這些都是肯定他所追求的真理，對所有人有著巨大的幫助。

Some people can gain more achievements, is due to that they can be more focus and insist on their problems than the average person, but not for their talent is much higher than others.

重要成就

①第一位研究色盲的人。

②著有《化學哲學的新體系》、《氣象的觀測與論說》、《溶液對氣體的化學與機械吸收》。

③提出原子說。

④發現道耳頓分壓定律。

⑤道耳頓為最早建議用 1 個氫原子質量來作為原子量的單位。

羅伯特·布朗

Robert Brown

> 布朗為英國的植物學家，一生當中最主要的貢獻是對澳洲植物的考察和發現花粉的布朗運動，其中澳洲有不少植物都還是由布朗所命名。他證實細胞核的普遍存在並命名，且其發現的布朗運動甚至影響後世偉大的物理學家——愛因斯坦。

西元 1773 年布朗出生於蘇格蘭芒特羅茲的一個平凡家庭，後來在愛丁堡大學習醫，之後成為一名軍醫，而在學習過程中，布朗就習慣對手邊一些自然植物進行一些研究。

十八世紀末的英國已經結束一些耗時的戰役，也取得大片的殖民地，在一切塵埃落定後，正是許多科學家和機械發明者出世的時期，此時革新了很多事物，不管是交通運輸、機械生產……，稱為第一次工業革命。此時的英國正處於對所有事物充滿好奇與探究，政府也鼓勵人民進行各式各樣的考察與研究，尤其推動不少航艦往海外探索，在這樣開放環境下就學、成長的布朗，因為有著軍醫的身分，同時也有些自然觀察能力，

因此在西元 1800 年時，一名自然學家邀請他一起加入「考察者號」的船隊，前往澳大利亞的沿海測繪。

　　航行將近一年的時間，船隊抵達了澳大利亞的西海岸，布朗便在澳洲用了三年半的時間考察植物，他總共蒐集 3400 多種的標本，而其中有將近 2000 多種都是沒有任何人發現過的，只不過布朗蒐集的這些標本在透過另一艘「海豚號」送回英國時，由於船隻在海上遇險，遺失了大部分的標本。布朗耗費將近 5 年的時間，在澳洲研究那些他蒐集的材料，並鑑定了大約 1200 種的新品種，同時發表鑑定結果。

　　西元 1810 年時，布朗回到英國出版了經過自己系統化研究，關於澳大利亞植物的著作《新荷蘭的未知植物》。由於他對植物標本的貢獻，隔年便被德蘭得指定掌管「約瑟夫博物庫」，也就是大英博物館的前身，沒多久德蘭得過世後，布朗便繼承博物館裡全部的標本，為他的研究增添更多的佐證和數據。

　　布朗除了管理博物館之外，大部分的時間就投入在自然標本的研究當中。有一天，布朗透過顯微鏡觀察花粉和孢子在水中的懸浮狀態時，發現這些花粉在水裡會有些不規則的運動，且花粉和孢子在水裡皆會有這種現象。布朗觀察到這個結果之後便想：「那麼其他物質呢？」在疑惑的驅使下，布朗找了其他微細顆粒，結果證實這些如灰塵般的顆粒在水中也有同樣的現象，但是以布朗的能力和知識，無法從理論上來解釋。不

▶C.E.1828
命名細胞核

▶C.E.1837
成為大英博物館
植物學部部長

▶C.E.1858
布朗逝世

過因為他是第一位發現這樣狀態的科學家，因此後世便用他的名字來命名這種現象，稱為「布朗運動」。

布朗運動：微小粒子或顆粒在流體中做的無規則運動，屬於一種常態分布的獨立增量連續隨機過程，是隨機分析中的基本概念之一。若是透過數學方法來定義，其基本性質為：布朗運動 $W(t)$ 是期望為 0、方差為 t（時間）的正態隨機變量。

之後，布朗運動更是推進愛因斯坦研究的一大理論，因為此運動能夠測量原子的大小，這項延伸概念便是從布朗運動中，水中的水分子對微粒的碰撞所產生的。這些不規則的碰撞愈明顯，意味著原子愈大，間接定義出了原子的大小及證明分子的無規則運動。

發現布朗運動後沒多久，布朗又在細胞的標本裡面發現新的組織（其實在他之前已經有人找到了此組織，但是由布朗率先為細胞當中的這個部位命名），命名為細胞核。而後他觀察更多不同的標本，證實每一個細胞當中皆有細胞核的存在，於是布朗在倫敦林奈學會的演講當中，為細胞核做了更加詳細的敘述，使更多自然學家們瞭解。

　　布朗生平故事紀載得很少，但他就如同平凡的我們，在一般的生活當中沒有什麼特別的天才故事，也沒有許多特殊的生活事件，他只不過是在日常生活當中進行自己喜愛的自然觀察、從小的熱情與興趣，而在他進行自己興趣的同時，為世界發現了許多未知的知識。布朗的故事勉勵我們每一個人，即使為了生活工作、學習，但從未忘記自己的喜好與興趣，並且熱衷投入。

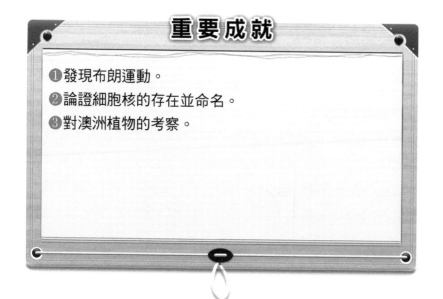

重要成就

❶發現布朗運動。
❷論證細胞核的存在並命名。
❸對澳洲植物的考察。

安德烈－馬里·安培

André-Marie Ampére

> 安培為法國的物理、數學家，更是古典電磁學的創始人之一。他提出載流導線中的電流與其產生的磁場之間的關係，即安培定律後，「電動力學」一詞自此產生。科學界為了紀念他的貢獻，便將國際單位制中電流的單位以他的姓氏「安培」命名。

　　「等等！別跑啊！」傍晚的街道上，安培追著一輛馬車大喊著，人終究追不上馬車，安培只好遺憾的說：「我還沒有算完呢！」跑走的馬車上還寫著安培計算到一半的數學程式呢！

　　西元 1775 年安培在法國的里昂出生，安培父親十分推崇「盧梭」的思想：男孩不應接受傳統的學校教育，直接從自然中獲得教育。所以當小安培有意識開始，父親便以盧梭的著作當作教育基礎，同時讓安培在藏書豐富的圖書館裡讀書，在父親引導下，安培學習不少跟自然有關的知識，他自己也對解答型的書籍非常有興趣，像是《論自然史的研究方法》、《自然通史》和《百科全書》，或科學、藝術和工藝詳解詞典等。

▶C.E.1775	▶C.E.1820	▶C.E.1826
安培生於法國	發表安培右手定則	提出安培定律

　　透過大量閱讀，養成安培樂於研究問題解答與習慣為難題找方法，父親給予他的教育是嚴肅且有規律的，但並不會壓迫與過度干涉安培的思想。然而這樣的學習生活維持一段時間後，法國大革命爆發了，身為地方治安法官，安培的父親因為拒絕頒發的指令，隨即遭到拘捕並處死，他們只好舉家逃離至法國的一個小村鎮，安培才能繼續不斷的學習，同時在當地教授簡單的物理和化學等學科。

　　直到西元 1804 年，雖然安培沒有得到正規的教師資格，但由於他在小鎮有過教學經驗，因此後來新成立的巴黎綜合理工學院特別邀請安培擔任教職，於是他便前往巴黎定居。在教書的同時依舊維持大量閱讀的習慣，而在長期學習自然科目的知識中，安培特別崇拜牛頓的科學理論和數學的成就。

　　西元 1820 年丹麥科學家奧斯特發現電生磁的時候，知道這項消息的安培也對電磁領域產生興趣，所以當他要開始研究電磁現象時，特別採取牛頓力學的方法，提出一個基本假設，為了依照這個假設進行實驗，安培發明了右手螺旋定則，也就是舉起自己的右手，握住直線電流的導線，豎起大拇指的方向與電流方向一致，而剩下自然彎曲的四隻手指環繞的方向就是磁場線繞行的方向，這樣一個定則在後來更被稱為「安培定則」。

　　為了利用數學方法描述這個現象，安培更醉心投入數學公式的研究，於是他天天拿著紙筆做數學計算，廢寢忘食，在這樣孜孜不倦地研究下，安培在提出安培定則的同年終於透過微積分證實了可計算的數學定律，也就是著名的「安培定律」。

安培定律：載流導線所載有的電流，與磁場沿著環繞導線的閉合迴路的路徑積分，關係式為 $\oint_c B \cdot dl = \mu_0 I_{enc}$，$c$ 為環繞著導線的閉合迴路，B 為磁場，dl 為微小線元素向量，μ_0 為磁常數，I_{enc} 為電流。

　　安培透過數學方程式描述電磁關係，透過符號紀錄電流直線 I，以及環形磁場 B，為了進行這項研究，安培還設計了一個電流檢測計，透過指針的偏轉幅度來檢測電流方向與電流大小。西元 1822 年時安培另外發表了一篇論文，把這些實驗現象進行總結，包含在實驗過程中發現的作用力：兩條平行載流導線各自產生的環型磁場會對彼此有作用。

　　安培提出的數學方程式完美地論證了電與磁的關係，不管是驗證方法還是公式架構，後來皆成為電磁學的重要程式之

一。只不過其中還是有些他始終無法思考出來的電磁感應，所以後來的科學家們又將安培定律修改地更加完整，研究者之一馬克士威在看到安培提出的假設和實驗結果，發自內心地稱讚安培為「電磁學中的牛頓」，可見他為電磁學打下多麼紮實的基礎。

在安培的故事中可以看見一位科學家的熱情與投入，連在散步或吃飯都孜孜不倦地研究著題目，還因此鬧出不少趣事。安培從小培養的閱讀習慣，即使到他臨終之際也沒有改變，因為他正是從大量的閱讀之中獲得許多前人的智慧，以及探索真理的知識基礎，最終寫下影響後世的重大貢獻。

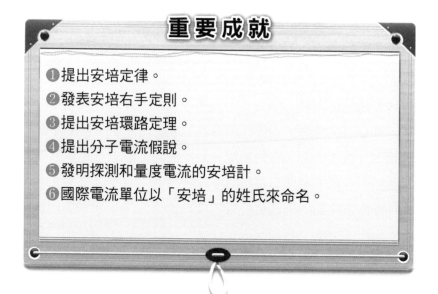

重要成就

❶提出安培定律。
❷發表安培右手定則。
❸提出安培環路定理。
❹提出分子電流假說。
❺發明探測和量度電流的安培計。
❻國際電流單位以「安培」的姓氏來命名。

阿密迪歐‧亞佛加厥

Amedeo Avogadro

> 亞佛加厥為義大利化學家，提出亞佛加厥定律，倡導原子論以及提出分子說，宣揚分子的區別，將化學的領域描述得更加完整。亞佛加厥數後來證實是莫耳物質所含的分子數，成為自然科學中重要的基本常數之一。

「在物理學家和化學家深入地研究原子論和分子假說之後，誠如我所預言，它將成為整個化學的基礎和使化學這門科學日益完善的源泉。」晚年的亞佛加厥發出感嘆，他深信終有一天世人會理解自己提出的理論。

西元 1776 年亞佛加厥生於義大利西北部的杜林，他的家庭世代都是地位顯赫的律師，但亞佛加厥從小就只是個平凡的孩子，甚至有些瘦弱，不管在讀書還是運動上，都沒有什麼特別的地方，讓不少親人感到失望。但是他的父親卻不這麼想，父親觀察到亞佛加厥擁有獨特的推理能力，只要多給他一些時間，他便能將複雜的事情解析成簡單的說明，只不過學校上課

▶C.E.1776	▶C.E.1804	▶C.E.1811
亞佛加厥生於義大利	獲選杜林科學院的通訊院士	提出分子論、亞佛加厥定律

都有固定的時間和行程，導致亞佛加厥無法發揮他的專長。父親鼓勵亞佛加厥，就算成績差也無所謂，至少努力把高中唸完，於是亞佛加厥在父親的說服下，終於順利從高中畢業並前往杜林大學讀法律系。

　　果不其然，亞佛加厥一進入大學後，簡直如魚得水，他開始發揮自己抽象、細膩的推理思考，比他人更能抽絲剝繭，分離出法律中複雜又重疊的案件，還能有條不紊、鉅細靡遺的說明。亞佛加厥的長才在此完全得到發揮，讓他從一個平庸的孩子，一躍成為法律王子，順利地從法律系中畢業，成為一名律師。但身為律師必須生活在爭執、吵架和鬥爭之中，這樣的生活使亞佛加厥感到失望和疲憊，在夜深人靜沉澱下的思考後，毅然決然地放棄律師身分，投入自己有興趣的物理、化學學科中。

　　西元 1804 年時，亞佛加厥善用自己的表達能力，向科學院呈獻一篇關於電的論文，他的表達和撰寫受到了科學院的好評，於是獲選為科學院的通訊院士。這突如其來的榮譽，使亞佛加厥備感認同和鼓舞，決心全力投入科學研究的懷抱。亞佛加厥的表現和學歷，讓他在西元 1809 年時獲聘為維切利皇家學院的數學物理教授，在此同時，亞佛加厥擁有了更多的資源和設備，研究起原子論和分子說。

　　正好在那個時期，英國化學家道耳頓發表了原子論，而法國化學家給呂薩克也正在研究氣體的體積變化關係，於是給呂

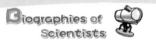

薩克將自己的實驗結果與道耳頓的原子論對照,提出了一個新的假說:在同溫同壓下,相同體積的不同氣體含有相同數目的原子。但是道耳頓無法認同這個說法,兩人展開公開的學術爭論,對於他們爭論的目標,亞佛加厥產生了興趣,於是他開始發揮自己抽絲剝繭的能力,分別仔細地考察給呂薩克和道耳頓的實驗紀錄與爭執的論述,發現這中間出現了矛盾。

就在兩派理論爭執不休時,西元 1811 年亞佛加厥寫下一篇論文,題目為〈原子相對質量的測定方法及原子進入化合物的數目比例的確定〉,他修正給呂薩克和完整補述道耳頓的論點,亞佛加厥重新修正後提出:在同溫同壓下,相同體積的不同氣體具有相同數目的分子。他清晰地論述出分子的概念,並認為能獨立存在的最小化合物或單質可稱作分子,而單質分子是由多個原子組成。亞佛加厥認為「同種或不同種的原子結合成分子,並以分子為單位進行各種化學反應」,也就是所謂的「分子論」。

他之所以提出新的分子概念,是因為他在道耳頓的實驗事實中發現與道耳頓自己的原子論產生矛盾,所以必須提出一個

新的假設，才能解決這個矛盾。這樣條理分明、邏輯清晰的論文，將原子論和分子說表達的十分完整，可是在當時受到漠視，沒有引起任何人的反應，亞佛加厥仍舊寫了第二篇、第三篇，甚至也曾有位法國科學家提出相同的論點，仍然沒有受到當時學術界重視。而「原子論」與「分子論」相互提攜成為後世化學研究的基礎，並耗費了近 50 年的時間才達成定論。

　　直到亞佛加厥過世後，有位義大利化學家設計了一套氣體實驗，才證實亞佛加厥提出的分子假說。後世的化學家們這才冷靜下來，認真的去理解亞佛加厥所寫下的論點，後來為了紀念分子假說和亞佛加厥寫下的理論，將之稱為「亞佛加厥定律」，裡頭使用的數學定義更稱為「亞佛加厥常數」。

亞佛加厥定律：同溫、同壓時，同體積的任何氣體含有相同數目之分子，即 $V \propto n$ 或 $\dfrac{V}{n} = a$，其中 V 為氣體體積，n 為氣體莫耳數，a 為常數。亞佛加厥數是莫耳物質所含的分子數，約為 6.02×10^{23}。

　　亞佛加厥的發現在生前並沒有受到世人的重視，然而一顆原石的打磨，終有一天會光芒四射。孩童時期的亞佛加厥本身就是個不起眼的存在，他曾為了自己的不同或成績低落而感到沮喪，但父親看見他的不同，鼓勵他活出自己的世界，讓他能夠在後來的求學生活找到自己真正擅長的領域，蛻變後的眼界，讓亞佛加厥雖然遺憾分子學說沒有受到認同，但他仍相信在未來的某一天，會有人瞭解這條影響化學知識的重要定律，如同一座燈塔，穩穩地設立在那個位置，總會有人發現他、進

而走向正確的道路。

重要成就

❶提出亞佛加厥定律。

❷提出分子說。

❸亞佛加厥常數以他的姓氏命名。

漢斯·厄斯特

Hans Orsted

厄斯特為丹麥物理學家、化學家和文學家，首先發現載流導線的電流會使磁針改變方向，確定了電流與磁場間的關係，而後又在化學領域裡成為第一位發現鋁元素的人。由於他的寫作，使得十九世紀後期的後康德哲學和演進更見雛形。除了自身研究科學有成，厄斯特還定義了「思想實驗」這個名詞，後來建立了丹麥技術大學。

　　西元 1777 年厄斯特出生於丹麥的一個小鎮，他的父親是位藥劑師，擁有自己的藥局來養家活口，雖然家庭環境還算小康，但厄斯特生活的小鎮裡並沒有正式的學校，即使想要接受教育也找不到優秀的教師，於是厄斯特和他的弟弟從小便跟在父親身邊幫忙，學習一些藥劑方面的知識，同時跟一些店裡的長輩們學習各式各樣的經驗。雖然從小沒有接受正統的教育，但厄斯特憑藉著在藥局裡學到的化學知識、物理經驗，以優良的成績進入了哥本哈根大學。

　　厄斯特從小就對文學和哲學具有濃厚的興趣，他覺得科學也是和文學有關係，他的博士論文主題更是以文學的表述方式

▶C.E.1777
厄斯特生於丹麥

▶C.E.1820
發現指針的電磁效應、成為法國科學院的通訊院士

▶C.E.1825
發現鋁元素

來探討科學，發表了他的第一篇論文《大自然形上學的知識架構》。畢業後，厄斯特得到一筆獎學金，讓他可以出國去遊學，厄斯特踏足歐洲，在德國遇到一位優秀的物理學家——約翰・芮特，兩人一見如故，後來更成為研究學術的好朋友。

我不喜歡那種沒有實驗的枯燥講課，因為所有的科學研究都是從實驗開始的。

　　最初因為芮特相信電力與磁場間存在著物理的關係，與厄斯特分享後，厄斯特也覺得這樣的想法是可能的，但自從庫侖提出電和磁的區別後，幾乎沒有人深入去解釋電磁之間的連結，因為厄斯特一直相信電、磁、光、熱等現象，全部都相互存在著物理上的連結，尤其美國科學家——富蘭克林曾發現放電能使鋼針磁化，這樣的實驗結果更堅定了厄斯特想要研究這項議題的信心。

　　結束遊學之旅後，厄斯特把這項研究議題放在心上，決定回到自己故鄉進行實驗。因為厄斯特涉獵文學與哲學，讓他在教書時有其獨到的天賦和魅力，他的課堂總是深受學生和旁聽者歡迎。西元 1806 年時，哥本哈根大學更是聘請厄斯特擔任電學教授，讓他可以在哥本哈根大學內建立一套完整的物理、化學課程與教材，發展課程後，厄斯特希望學生除了可以吸收理論知識外，還能動手進行實驗，於是便向學校申請建立科學研究的實驗室，在厄斯特努力奔走下，學校同意他的要求。

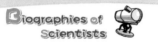

　　嶄新的實驗室讓厄斯特得以發揮長才,除了認真進行自己的科學研究外,也是一位優秀的師長,他每個月都會選定其中一天來進行科學實作課程,專門分享與交流最新的科學研究。西元 1820 年的某一次課程中,厄斯特向學生們展示了電流磁效應的實驗,他想透過實驗來觀察載流導線上的電流,是否會讓磁針偏離原來的軌道。課程中,厄斯特自己與學生都沒有得到實際的成果,但在課程即將結束時,厄斯特抱著姑且一試的決心,進行了最後一次實驗。當電池與鉑絲連接上時,靠近鉑絲的磁針竟產生了小小的擺動,但當下的學生們都忙著手上的操作,並沒有任何人注意到這個現象,而厄斯特卻看見了,他異常地興奮與激動,因為這對電磁間的物理關係是一大重要的提示,於是厄斯特連續好幾個月針對同一個實驗方式進行深入研究。

　　厄斯特先是將鉑絲橫向地靠近磁針,但是當他連接上電池時,不管拉遠或靠近,磁針皆毫無動靜,直到將鉑絲轉向與磁針平行,磁針終於產生反應,明顯地轉動到另一方。除了單純地將鉑絲靠近磁針外,厄斯特還將其他非磁性的物品,例如玻

璃、石頭……，阻隔在導電鉑絲與磁針中間，發現磁針依然會受到鉑絲的影響產生偏移。這樣的研究結果，讓厄斯特認定在通電的鉑絲周圍有著電流衝擊，而衝擊只會針對磁性粒子，所以會穿過非磁性物體進行作用。

　　幾個月後，厄斯特動筆寫下這項實驗結果，他認為電流衝擊會以鉑絲為軸，電力的作用會以螺旋的方向傳播出去。這個發現一發表便引起所有物理學界的關心，每一位物理學家都聚集起來討論這項驚人的實驗結果。厄斯特的發現奠定電磁學的基石，他證明電和磁能相互影響、轉化，研究結論甚至帶動後來其他科學家的研究方向與論點，後來科學家們用更精準、數學化的方式，為這一研究結果寫下方程式。

　　除了在物理學上開創電磁學的發展外，厄斯特更在化學領域穫得其他成就。他在教導學生之餘，還嘗試深入瞭解化學的課程，曾有位英國科學家製造出鋁鐵合金，厄斯特便想著：「能不能把鋁跟鐵分開呢？」於是在西元 1825 年時，厄斯特成功使用還原法，將鋁從氯化鋁當中分離出來，成為第一位發現鋁元素的人。厄斯特一生的貢獻受到了注意，在西元 1908

年時，丹麥的自然科學促進協會特別建立了「厄斯特獎章」，用來表彰所有物理學界中有重大貢獻的科學家們。同時為了紀念厄斯特在科學史上的功績，國際單位制更是將磁場強度的單位命名為「厄斯特」。

　　厄斯特一生中最看重的就是知識的傳承，從小他和弟弟倆人便因為居住在城鎮而無法受到良好教育，後來因為個人努力與把握各種學習知識的機會，才讓他從藥局打雜的小幫手一躍成為物理學界中偉大的翹楚。所以在他的職涯中雖然獲得許多巨大的榮耀，但厄斯特更致力於學識上的建立。除了在原來的大學裡傳授知識外，他更在自己中晚年時，選擇在丹麥建立一所技術大學，強調學生們除了理論的學習外，更要注重實際實驗的重要性，把自己對科學和其他知識的價值思想，透過建立學校，向所有的學生傳遞下去。

重要成就

❶發現鋁元素。

❷創建丹麥技術大學。

❸提倡「思想實驗」。

❹發現載流導線的電流會使磁針改變方向的電磁現象。

❺國際物理單位 CGS 以他的名字作為磁場的單位。

卡爾·弗里德里希·高斯

Carl Friedrich Gauss

Johann Carl Friedrich GAUSS

> 高斯是德國著名的數學家與物理學家，同時還是天文學家、大地測量學家。他的研究領域遍及純粹數學和應用數學，並開闢許多新的數學領域。高斯與牛頓、阿基米德被認為是歷史上最偉大的三位數學家，擁有「數學王子」的美譽。一生成就極為豐碩，以他名字「高斯」命名的成果超過一百個，屬數學家中之最。

　　有一天，高斯看著父親計算工人們的薪水，嘴巴念念有詞不斷地反覆計算，最後好不容易把錢算出來，正準備把數字寫下，就聽見旁邊傳來小小的聲音：「爸爸，你算錯了，應該是這樣……」年僅 3 歲的高斯，就在紙上寫下了正確的答案，所有人都驚訝著他的天分，果不其然，他後來成為了偉大的數學家。

數學中的一些美麗定理具有這樣的特性：它們極易從事實中歸納出來，但證明卻隱藏得極深。

　　西元 1777 年高斯在德國出生，他的家庭十分普通，父親

大事記

▶ C.E.1777
高斯生於德國

▶ C.E.1795
發現最小平方法

▶ C.E.1796
構造出十七邊形

一生做過不少勞力工作，母親是石匠的女兒，父母親都沒有受過太多的教育，生活環境非常窮困，因此高斯的爸爸認為學問沒有什麼用，終究是要靠勞力才會賺錢。好在小高斯有位疼愛他的舅舅，雖然舅舅也沒有受過高等教育，但工作上的眼界較寬，同時也是位有才華的人，因此他把所有的知識都傳授給小高斯，與他分享自己的見聞、教他識字。透過舅舅習得文字的高斯，從小就很喜歡讀書，他覺得書上的知識為生活帶來了許多樂趣，所以總是偷偷在大人要求他睡覺時，拿出自己製作的小燈來看書。

　　儘管高斯的父親不認同學習學問在未來會有什麼用處，但他看見高斯從小的數學天賦，便同意讓高斯去唸小學。有一天，高斯的老師為了想要早點休息，便出了一道有難度的題目給學生，要他們從數字 1 加到數字 100，沒想到高斯在很短的時間裡就計算出正確答案，這樣的舉動把小學老師給嚇傻了。高斯當時使用的方法是將數字前後相加，最後總共有 50 對的 101，要計算其總和便是 $101 \times 50 = 5050$，如下列圖示：

以現代的等差級數公式表示如下：$S = \dfrac{n(n+1)}{2}$

　　高斯的小學老師沒想到在這樣的鄉下，竟然能遇上這樣一名神童，於是他私下送高斯一本數學的書籍，讓他跟在身邊學習，甚至說服高斯的父親，讓高斯接受高等教育，主動提出會協助資助高斯未來的教育負擔。在老師的善意和幫助下，青少年時期的高斯便進入當時一間著名的學院，在學校裡高斯學習了古代和現代語言，同時也開始研究自己從小展現天賦的數學科目。學院裡有非常多的書籍，讓高斯愛不釋手，只要一有空閒他便專心地閱讀著前人偉大的著作，包含牛頓、歐拉、拉格朗日這些歐洲著名數學家的作品。其中高斯對牛頓的理論和學說特別欽佩，很快地便掌握了牛頓的微積分理論。

　　就在高斯努力吸收各種知識，專心研究高等數學時，他得到了一項重大的發現：當時的數學史上，已經有希臘學家利用圓規與直尺畫出正三、四、五邊形，而高斯卻發現任一個正 n 邊形都可以利用直尺和圓規畫出，畫到正十七邊形都沒有問題，甚至提出公式證明：

$$\cos\frac{2\pi}{17} = \frac{-1 + \sqrt{17} + \sqrt{34 - 2\sqrt{17}} + 2\sqrt{17 + 3\sqrt{17} - \sqrt{34 - 2\sqrt{17}} - 2\sqrt{34 + 2\sqrt{17}}}}{16}$$

數學是科學的皇后！

　　高斯證明可以用尺規作圖作出正十七邊形，同時發現可作圖多邊形的條件，為古希臘以來的數學家們解決了二千多年來的幾何難題。這樣的數學發現，加深了高斯想要在數學領域上發展的信念，於是他便篤定地專心學習數學。在高斯18歲時，

他便發現最小平方法的計算方式，透過足夠的數據計算後，得到一個新的、機率性質的測量結果。甚至後來還利用這樣的方法，成功地計算出穀神星的軌跡，之後奧地利天文學家海因里希‧歐伯斯更是根據高斯計算出的基礎，找到了穀神星。

　　有了最小平方法的計算基礎，高斯便投入於曲面與曲線的計算，在他嚴謹的證明之下，沒多久便得到常態分布曲線，後世又稱為「高斯鐘形曲線」，而計算其曲線的函數則被命名為標準常態分布（或者高斯分布），用以決定函數分布的位置，後來的數學家們在計算機率時大量地使用。這條曲線被廣泛地運用在數學、物理工程，是數學科學中非常重大的發現。

　　標準常態分布：若隨機變量 X 服從一個位置參數 μ，尺度參數 σ 的常態分布，記為 $X \sim N(\mu, \sigma^2)$，而其機率密度函數的公式則為：$f(x) = \dfrac{1}{\sigma\sqrt{2\pi}}\,e^{-\frac{(x-\mu)^2}{2\sigma^2}}$。常態分布的數學期望值等於位置參數，決定了分布的位置；變異數 σ^2 的開平方（或稱標準差）等於尺度參數，決定了分布的幅度。

　　高斯後來對數學研究所發表的《數論》，首次提出了二次互反律，這是一個用於判別二次剩餘，亦即二次同餘方程

$x^2 \equiv p$（mod q）之整數解的存在性的定律。二次互反律只是一種計算過程，運用二次互反律可以將模數較大的判別問題轉為模數較小的判別問題。

　　高斯是個完美主義者，拒絕發表任何他認為不完整的作品，即使已經發現了一項非常特殊的重要定理，也不願意立即發表，他習慣進行更多的驗證，讓數學發現更加完整且無懈可擊，不少人欽佩他這樣的風格，給了他一個「數學王子」的稱號。雖然高斯有天賦，但他並不強出鋒頭，即使已經得到正確的答案，高斯也會繼續透過嚴謹的計算方式再次證明，這也是為什麼高斯的數學成就可以長遠地影響至今，被後世稱讚為偉大的數學家。

給我最大快樂的，不是已懂的知識，而是不斷的學習。

重要成就

❶發展最小平方法。

❷發表二項式定理的一般形式。

❸發明日光反射儀。

❹發表算術－幾何平均數。

❺證明代數基本定理。

❻發表《正十七邊形尺規作圖之理論與方法》、《算術研究》、《數論》。

約瑟夫・路易・
給呂薩克

Joseph Louis Gay-Lussac

> 給呂薩克是法國的化學、物理學家，對氣體的體積進行研究，曾經搭乘熱氣球測量大氣，升上高空的高度維持了很長一段時間，仍無人可超越。除此之外，還在氧氣及氫氣方面有許多發現。給呂薩克是一位卓越的、有決斷力的科學家，即便經常得和危險、有害的氣體和藥品打交道，但他從不畏縮。

　　西元 1778 年給呂薩克出生於法國的聖利奧納德，父親為當地的法官，但不幸地在法國大革命時期遭受監禁，造就給呂薩克努力學習、力爭上游的個性。從家鄉接受教育開始，給呂薩克一路往上學習，考上了巴黎高等理工學院，由於他認真努力，因此校方希望他畢業後能留下來任教，但給呂薩克覺得自己還可以擁有更多的學習機會，於是又轉到橋路學院讀書，並且在那裡遇見影響往後人生很重要的老師，也就是化學家——克勞德・貝托萊。給呂薩克不管到哪裡，都是十分勤奮好學，從他的言行舉止就能感受到對化學和實驗所散發出來的熱愛，這樣的學習態度讓教授們非常滿意，而貝托萊就是其中一個。

▶ **C.E.1778**
給呂薩克生於法國

▶ **C.E.1804**
乘上熱氣球至 5800 公尺的高空

　　貝托萊將給呂薩克留下來擔任自己的助手，隨著日常的研究工作進行，貝托萊教授發現給呂薩克很能夠舉一反三，而且實際操作實驗的技巧純熟，於是便把自己的實驗室交給給呂薩克，希望培養他成為一個獨立的科學家。得到教授青睞的給呂薩克，更加積極地把握每一個觀察和實驗，只要是需要觀察或做測量的實驗，給呂薩克總是不遺餘力的一一完整紀錄所有需要參考的數據，一旦有空閒，他就會將這些實驗數據一個個重新比較和反思，接著才提出自己的結論。

　　給呂薩克還有一個原則，那就是他在意的是科學事實，不袒護任何前輩或權威，勇敢地說出自己發現的真正學說。曾有一次他的指導教授貝托萊，正和另一位化學家——普魯斯特進行一場激烈的學術爭論，而實際比對過研究數據的給呂薩克覺得這場爭論是自己老師錯了，貝托萊並沒有因此惱怒，反而直接把實驗室讓給給呂薩克，讓他實際用實驗來證明，經由反覆研究和記錄，發現是貝托萊的論點產生錯誤，給呂薩克坦然、毫無猶豫的把結果交給老師，而看過實驗報告的貝托萊更加欣慰於給呂薩克的成長，肯定他未來在科學之路上的發展。

　　西元 1804 年時，已經能夠獨當一面的給呂薩克，因為對氣球的好奇，於是非常想針對氣體的體積和壓力進行研究，為了想要更加瞭解大氣和氣體的疑惑，他和其他物理學家畢奧等人帶著氣壓、溫度計等儀器，還帶著些實驗動物，一同乘坐熱氣球，飛升到將近 5800 米的高空，只為進行空氣的測量和做

紀錄。四年後，給呂薩克便將自己對氣體體積的發現，寫成一篇論文來發表，也就是現在的查理－給呂薩克定律。

查理－給呂薩克定律：同溫同壓下，氣體相互之間按照簡單體積比例進行反應，且生成的氣體也與反應氣體的體積成簡單整數比，即 $\frac{P}{T} = K$。

❶定壓查理定律：定量定壓的理想氣體，體積與絕對溫度成正比，即 $\frac{V_1}{V_2} = \frac{T_1}{T_2}$。

❷定容查理定律：定量定容的理想氣體，壓力與絕對溫度成正比，即 $\frac{P_1}{P_2} = \frac{T_1}{T_2}$。

給呂薩克發表這一論點後，引起英國科學家——道耳頓的爭論，雖然對方已經是學界的權威之一，但給呂薩克並沒有因為懼怕對方的社會地位或者貢獻，仍然堅持自己的學說，與之爭論和辯駁。給呂薩克本人對氣體情有獨鍾，除了提出體積、壓力等自己觀察到的發現外，他還發現「氣態物質的化合」，即燃燒氧和氫之後，竟然會得到水的成分，意外地在這實驗

中，發現硼元素和氫當中未被人發現的氫氰酸及氫鹵酸。

　　為了改進硫酸的生產而設計出給呂薩克塔，這種塔和它的各種改進設計被用在很多基礎化學工業中。因給呂薩克也擔任了法國造幣廠的首席化驗師，並被聘為彼得堡科學院國外名譽院士，發明了分析化學的容量分析法，並設計多種現今實驗室仍在使用的玻璃儀器。給呂薩克還研究發酵作用、過冷現象、明礬晶體在溶液中的生長、硫的化合物、氮的各種氧化物。晚年則致力於改進實驗技術，奠定現代容量分析的基礎。

　　給呂薩克是一位卓越且具果斷判斷力的科學家，雖然他的性格冷淡緘默，然而在研究這個領域他則是勇敢而充滿活力。給呂薩克獻身實驗研究，經常和危險的、有害的氣體與藥品打交道，然而他從不畏縮。甚至在一次實驗中，因為坩堝發生爆炸而受了重傷，整整在病床上躺了40天，才剛可以下床行走，就馬上直衝實驗室進行實驗。長久下來，給呂薩克得了嚴重的關節炎，下肢常常水腫不消，即便疼痛難忍，但他仍一瘸一拐地做各種實驗。

　　給呂薩克個性認真且細心，讓他一步步成為獨立的科學家，甚至發現其他人所沒有看見的物質，但最讓人肯定的是給呂薩克不畏打擊和困難的堅定，過去的學界環境相當重視倫理和權威，但給呂薩克像是永不停歇的火車，朝著自然科學的真理行駛，遇到阻礙或高牆不但不膽怯，反而用更多的事實來證明自己的想法，也因為他的無畏，後來的科學家才得以證明過去實驗和觀察氣體體積上的盲點，以及找到新的研究道路。

重要成就

❶提出查理－給呂薩克定律。

❷發現氫氰酸及氫鹵酸和硼元素。

❸設計給呂薩克塔，用以改進硫酸的生產。

❹改良製造草酸的方法。

❺發明分析化學的容量分析法，並設計許多實驗用的玻璃儀器。

麥可・法拉第

Michael Faraday

法拉第是英國著名物理學家，對電磁感應、抗磁性、電解提出了重大的貢獻，是歷史上最具有影響力的科學家之一。德國物理學家柯耳洛希甚至說過：「法拉第能喚出真相。」用以讚美法拉第超越實驗設備能力的極限來看透實驗結果背後的真理。為了紀念法拉第，在國際單位制裡，電容的單位是法拉。

　　法拉第和朋友分享道：「我並沒有不珍視這些榮譽，同時我承認它們很有價值，但我從來不是為了追求這些榮譽而工作。」從貧窮鐵匠的兒子，透過自助學習、自我努力，成為世上最出名且令人尊敬的科學家之一，除了對科學偉大的貢獻，法拉第也透過他的生平，教導我們學習堅持與努力。

希望你們年輕的一代也能像蠟燭為人照明那樣，有一分熱、發一分光，忠誠而腳踏實地為人類偉大的事業貢獻自己的力量。

　　西元 1791 年法拉第出生於英國倫敦的紐因頓區，他的父親是一位鐵匠，健康情形很不好，工作收入也只夠一家人吃飽

▶ C.E.1791	▶ C.E.1831
法拉第生於英國	發現電磁感應，並製作出第一台發電機

而已。儘管如此，法拉第的父母從不因為貧困的家庭狀況而氣餒，從小便教導法拉第：「貧窮是上帝給的祝福，而不是詛咒。」

雖然家庭窮困，但是家人反而以勤儉、善良的品性聞名鄉里。當時英國的階級地位劃分地非常明顯，一出生就註定在社會上的階級，雖然法拉第的父母很想把他送去高等學校讀書，但在經濟上又不允許支出這筆費用，所以小法拉第就跟在父親身邊做學徒，他觀察身旁的人們，積極地在小學校裡唸書，透過自學的方式學習知識。

小學畢業後，法拉第就到附近的書店學習釘書，由於他認真負責，老闆很欣賞他的工作態度，便將他提升為釘書學徒，並且不收學費，這對家境貧困的法拉第來說是萬分幸運的事情。除了老闆不收學徒的費用之外，法拉第常常利用客人來拿成品前的空檔，快速地閱讀完那本書，待在書店學習的那段時期，是讓他能夠接觸大量知識的最大渠道，法拉第不管任何書都能看得津津有味。

其中有本《悟性的提升》，講到對於學習應該遵守的原則與建議：「作個人的筆記、持續的上課、有讀書的同伴、成立讀書會、學習仔細觀察和精確的用字。」這幾個讀書方法讓法拉第一直到未來進行各種學問研究時，仍然遵行到底。在擔當學徒期間，他也透過閱讀珍・瑪西女士所寫的《化學閒聊》得

▶**C.E.1833**
提出電解法則

▶**C.E.1845**
發現法拉第效應

▶**C.E.1867**
法拉第逝世

到很多啟發，讓法拉第對科學漸漸產生興趣。

拚命去爭取成功，但不要期望一定會成功。

　　西元 1812 年，法拉第即將滿 20 歲，隨著學徒的生涯即將結束，他得到朋友提供的一些演講門票，法拉第認為這些都是增添知識的好機會，於是只要有空便會去旁聽講座。有一次在聽過皇家學會最負盛名的科學家——漢弗里·戴維的演講後，當時的法拉第對戴維演講的「科學」有很大的熱情與興趣，同時他也正積極尋找未來的出路，於是將自己在演講中抄錄下來的內容加註筆記，將這長達三百頁的筆記寄給戴維過目，希望對方能夠幫助自己。當時的戴維是位知名的科學家，是他發現了鈣、鎂、鈉、鉀等 15 種元素，甚至被後世稱為「無機化學之父」，兩人之間的階級幾乎是天壤之別，誰也不期望戴維會閱讀法拉第的信件，沒想到過了不久，戴維不僅馬上回復他，甚至給予相當友善的答覆。而剛好那時候戴維的視力因為實驗受損，加上有個助手的職缺，便邀請法拉第來擔任這項職務。

　　只不過出生在鐵匠家庭，甚至沒有受過高等教育的法拉第，並不被其他人認同，身邊許多知識分子、上流紳士們對法拉第並不友善，只當他是名僕人。西元 1813 年戴維得前往歐洲展開長期的科學巡迴，一時之間沒有僕人與隨從人員，法拉第因此被強迫同時兼任僕人與助手，一連串不平等待遇，還有周遭不友善的眼光，讓法拉第的處境愈來愈悽慘。曾經好幾度，法拉第打算放棄科學研究這條路，返回故鄉英國。任憑環境、條件嚴苛，法拉第終究還是沒有放過任何接觸知識的機

會，一趟旅行中讓他認識許多科學菁英，不同的觀點與立場，更加刺激他許多想法。

　　在旅行回來後，法拉第也曾做過液化氣體的化學實驗，並寫了篇論文交給皇家學會，戴維看到那篇文章後便加註表示自己也參與其中，此時法拉第並沒有多想，單純認為戴維是肯定自己的結論，於是就在學會中宣讀這篇文章，沒想到獲得很大的迴響與反應。這樣的舉動與結果刺激了戴維，身為知識分子同時又是有名的科學家，而法拉第不過是個釘書匠和男僕，對方居然會得到那麼大的榮耀，這場發表會成了之後戴維處處針對法拉第的開端。

只有無知，沒有不滿。

　　西元 1831 年開始，法拉第對從小喜愛的電學領域進行一連串重大的實驗，其中一項實驗是：將兩條獨立的電線環繞至固定在椅子上的鐵環，並將一條導線通電，沒想到通電時，發現另外一條導線竟然也產生電流。因此法拉第接續進行另一項實驗：發現若是拿一塊磁鐵通過此導線線圈時，線圈中會有電流產生；而移動線圈通過靜止的磁鐵時，也發生一模一樣的情況。這讓法拉第找到了電磁感應，為電學帶來革命性的突破。

電磁感應：放在變化磁通量中的導體，會產生電動勢。而此電動勢可稱為「感應電動勢」，若將此導體閉合成一迴路，則該電動勢會驅使電子流動，形成「感應電流」。$\varepsilon = \dfrac{\Delta \Phi_B}{\Delta t}$，$\varepsilon$ 為電動勢（單位為伏特），Φ_B 為磁通量（單位為韋伯）。當 Δt 趨近於零，表示瞬時感應電動勢，否

則表示一段時間的平均感應電動勢。

　　當法拉第一公布這項發現時，許多毀謗接踵而來，不少人抨擊法拉第教育水準低下，一定是抄襲別人的研究亂搞一通。諸多不雅的謠言甚囂塵上，但法拉第並沒有因此退卻，這些反對的聲音反而讓他更加努力，甚至使他明白社會各個角落裡，有更多默默無聞、獨自努力的科學研究者，需要人們的鼓勵而不是打壓，所以法拉第在進行研究的同時，也幫助不少年輕科學家，像是後來聞名於電磁學的馬克斯威爾、焦耳等人。

　　不理會那些抨擊的聲浪，法拉第依然專注在自己的研究當中，他將這些電磁效應的實驗結果詳細地觀察與記錄。而當他發現電磁效應之後沒多久，忽然萌生要找出磁場線的想法，因此另外建立電磁場的概念。法拉第後來還依照這樣的概念，發明世界上第一台發電機，成為現代發電機始祖。在發明一項曠世巨作，且是工業應用上的重大工具後，法拉第卻沒有因此讓自己一躍而上成為富豪，反而只是單純地將此發明當作科學成就貢獻出去，也讓許多刻意的攻擊與抹黑，在面對實在的研究

證據與成品之下，不了了之，一舉奠定法拉第的科學實力與地
位。

　　接連不斷的實驗結果，讓法拉第一步步深入探索電學，不
斷更新「電」知識與真理，帶領人類瞭解電的本質。法拉第在
靜電研究中，透過大量的電解實驗，將發現的數據定義為一規
律的定律，後來稱為法拉第電解定律：

拉法第電解定律：$m = \dfrac{MQ}{Fn}$，n 為 1 莫耳物質電解時參與

電極反應的電子的莫耳數，$\dfrac{M}{n}$ 為化學當量，F 為法拉第

常數。

❶物質在電解過程中，參與電極反應的質量與通過電極的
　電量成正比。

❷不同物質電解的質量正比於該物質的化學當量。

此定律適用於電極反應的氧化還原過程，是電化學反應中
的基本定量定律。

　　法拉第還發現，電解後帶電導體上的電荷只會依附在導體
表面而已，這些表面上的電荷對於導體內部不會產生任何影
響，也讓他重新向其他人推廣這些電荷的專有名詞：陽極、陰
極、電極及離子。在得到許多電學的創新發現後，法拉第仍然
對電學許多未知感到好奇，西元 1845 年時，法拉第在電實驗
中發現並取名為「抗磁性」的一種狀態，後世則稱為「法拉第
效應」：一個線性的光線經過一物體介質時，外加一個磁場與
線性光線前進的方向對齊，此磁場會使線性光線在同一空間中
平面轉向。透過這項實驗，證明光和磁力之間是有所聯繫的，

這讓法拉第大為興奮，忍不住說道：「我終於成功地闡述磁力曲線！」

一旦科學插上幻想的翅膀，它就能贏得勝利。

　　因為法拉第沒有機會受正式教育，很多高等數學的知識是他所缺乏的，所以他的數學能力相對來說是薄弱的，許多科學研究和數學方法只能透過簡單的代數來記錄。但是法拉第仍舊是一位優秀的實驗科學家，懂得使用條理清晰、簡單的語言與方式，來表達科學上的想法。種種的實驗結果與理念，讓後世許多的電學科學家奉為基石，像是後來的電磁學大師——馬克士威，便整合法拉第的研究而寫下現代電磁學理論，以及馬克士威方程式。甚至在後來的學界，為了紀念法拉第的巨大貢獻，在國際單位制中將電容的單位取名為法拉。

　　即使前半生的科學之路法拉第過得有些崎嶇與艱難，但他仍堅持自己的目標與想法，不斷地在電學的領域當中嘗試，傾聽別人的分享與自己的好奇，發掘許多不為人知的電學知識。即使發表成果後受到打擊，法拉第依舊投入實驗中，甚至發明了世界上第一台的發電機，成為英國當時聲名大噪的科學家，成功扭轉僵化的階級制度。

　　低調與沉穩的個性，讓法拉第只是淡淡地回應所有來訪的人們，也謝絕得到更多財富的機會。這位在科學諸多方面有著重大貢獻的偉大科學家，大半人生都在貧窮、人們異樣的嘲諷眼光中過活，但他依然快樂、堅強的活著。通過自身背景的體悟，對許多無依無靠的年輕科學家們伸出援手，成為許多寒門

學子的驕傲與偶像。就連曾與法拉第交惡的戴維，到了晚年時候說道：「我一生最大的發現，是發現了法拉第。」簡單的一句話，總結了法拉第的耀眼與光芒。

就算是最成功的科學家，他在十個希望和初步的結論中，能夠真正實現的也不到一個。

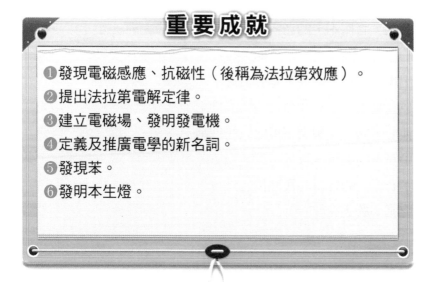

重要成就

❶發現電磁感應、抗磁性（後稱為法拉第效應）。
❷提出法拉第電解定律。
❸建立電磁場、發明發電機。
❹定義及推廣電學的新名詞。
❺發現苯。
❻發明本生燈。

查爾斯·羅伯特·達爾文

Charles Robert Darwin

> 達爾文為英國著名的生物學家，早期因研究地質學而出名，沒多久便提出科學的證據來證明：地球上所有生物物種是由少數共同祖先，經過長時間自然淘汰過程後演化而成，是現今生物學的基石。達爾文提出生物進化論學說，對人類學、心理學、哲學的發展都有不容忽視的影響。

　　「『哎呀！』一聲慘叫從樹林裡傳來，達爾文一手握緊著，一手摀著嘴快速走回自己的工作室。原來是他正在進行科學研究，將樹木上的老樹皮剝去，結果眼前赫然出現了兩隻稀有的甲蟲，除了左右手趕緊各捉住一隻外，第三隻稀有的甲蟲卻出現了，在不想放棄牠的情況下，達爾文便將其中一隻甲蟲先放在嘴裡，不料突然之間甲蟲排出了一些辛辣的液體，灼燒了他的舌頭，達爾文不得已只好把牠吐出來。」從達爾文自傳當中寫下的趣事，讓人可以一窺奠定了進化論的偉大科學家，除了有強烈的好奇心與熱情之外，也是一位執著、投入在生物研究當中的人。

▶C.E.1809	▶C.E.1831	▶C.E.1858
達爾文生於英國	加入小獵犬號的航行	發表自然選擇理論

　　西元 1809 年達爾文出生在英格蘭的名門家庭中，祖父是當代具有名望的科學家和醫生，他認為有機體的體內有讓生物向高級階段發展的力量，並推測生命起源于海洋，而這樣的認定也對日後研究生物的達爾文產生重要影響。達爾文的家庭中，除了祖父是頗具聲望的醫生，他的父親也是位名醫，而外祖父和舅舅還因為研製工藝有功而成為英國皇家學會會員。在這樣顯赫的家庭環境中出生，父母都希望達爾文可以繼承家族的職業，只不過達爾文天生喜歡各種動物，而且特別喜歡蒐集各種植物、貝殼和礦石的標本，但是這些東西看在身為醫生的父親眼裡，反而是使達爾文玩物喪志的主要原因，因為在父親的觀念裡，學醫才是一條能夠維持家族優秀聲望的正路。

完成工作的方法，是珍惜每一分鐘。

　　於是達爾文中學畢業後，父親便決定送他去愛丁堡大學學醫，達爾文敵不過父親的堅持，想到醫科大學裡有開設生物學和生理學這些他熱愛的科目，才感到些許安慰，答應父親的要求。因此達爾文在大學期間，便充實了自己在生物、解剖學上的知識，並且加入校內的自然科學社團。達爾文時常參與社團的研究，透過課餘時間拉著同學到處去觀察自然，也曾在社團聚會中，提出一些前人研究所留下的錯誤，而那些發現都需要有相當細微的觀察力以及縝密的思考力，可見當時的達爾文已具有相當的科學研究能力。學醫的後期階段，達爾文終於受不

▶**C.E.1859**
發表《物種起源》

▶**C.E.1871**
出版《人類的起源》

▶**C.E.1882**
達爾文逝世

了了，因為當時麻醉的技術並不發達，病人無法安心、穩定的動手術，而達爾文又剛好是那種一見到流血、死人就害怕的人，所以他毅然決定放棄學醫之路。

西元 1827 年的某一天，達爾文的父親把他叫回家說：「既然你排斥學醫，那麼你就去學習神學吧！」這讓達爾文極度反彈，不理解為什麼家人總是要逼迫他學習沒有興趣的東西。但是他的舅舅用歷史上的偉大科學家故事來說服他：哥白尼、牛頓等人都曾研習過神學且擔任過神職，若是真心喜愛科學，或許學習神學的時候會有特別的啟發。

敵不過眾親友遊說，達爾文勉強同意在劍橋的基督學院學習，只不過當達爾文真的踏入學院學習後，發現聖經上的那些奇蹟，有很多事實都讓他懷疑，而他所敬仰的哥白尼、伽利略等人，在神學院裡皆受到許多毀謗，種種發生的事情讓達爾文更加確認神學和科學之間的衝突。對學習產生不了熱情的情況下，達爾文便趁課餘時間，認真地研究起自然科學的書籍，還有參與野外採集標本的活動。

不過在劍橋大學裡達爾文也不是一無所穫，他在那裡認識了一位影響他一輩子的人——亨斯洛教授。亨斯洛教授對於植物、動物、地質學、礦物學都有深刻的研究，亨斯洛教授每週會舉辦一個學術性的聚會，達爾文便是在那樣的聚會裡學習到博物學的知識，也結識不同領域的科學家們，透過各界的思想交流，達爾文逐漸建構起屬於他自己的知識世界。

此時的英國正走向世界第一強國，國內已進入蒸氣機和鐵路的時代，政府鼓勵並支持海外的探險與考察，其中最具代表

的是英國皇家海軍船艦小獵犬號的科學考察之旅。船隻將穿過大西洋、繞行南美洲、橫渡太平洋，順著澳大利亞南側進入印度洋，最後再繞過非洲好望角回到大西洋，經南美洲東岸返回英國，估計歷時約五年。小獵犬號的艦長基於探險和考察上的需要，想私下邀請一位博物學家同行，亨斯洛教授便介紹達爾文參與航行，推薦他擔任艦上的科學研究。達爾文一聽可以擺脫現在的神學課業，又可以研究和觀察自己熱愛的自然科學，便毅然決然踏上旅程。任誰也不曉得，偶然的航行研究邀請，竟會改變達爾文的一生，也改變世界生物史的發展。

我能成為一個科學家，最主要的原因是：對科學的愛好、思索問題的無限耐心、在觀察和蒐集事實上的勤勉、一種創造力和豐富的常識。

　　五年的海上科學考察行程，只要是在海上航行，達爾文便會撈起各種海中生物來進行研究；若是船隻靠岸，他就會開始繞行周遭的環境，研究起該地的地質、礦物、化石還有當地的動植物，然後將所有採集到的生物製成標本。而就是在這些觀察數據中，他透過對地質、礦石的判斷，發現地層是會變化的，地層裡的許多古生物化石和現代的動植物有著共同點，卻又不盡相同，這讓達爾文懷疑當時生物學說所提倡的理念：「生物是上帝所創造，物種是不變的。」

　　歷時多年的航行旅程中，小獵犬號曾經過加拉巴哥群島，達爾文在此進行物種研究，並得到許多重要發現，他觀察到相同種類的鳥卻在不同島嶼有不同形狀的鳥嘴，綜合所有研究數據並反覆思考，達爾文認為島上的物種應是由南美洲遷移過

來，在各個不同島嶼環境條件的長期影響下，逐漸產生了變異，形成島上的特有種，因此島上的鳥都具有牠們在大陸祖先的某些特徵，但又不會完全一樣。

於是達爾文便把在小獵犬號上得到的所有發現整理，出版《小獵犬號航行之旅》，成為著名的作家。而在航行期間，達爾文對發現的生物與化石分布感到疑惑，因為他在山頂上卻發現海洋生物的化石，所以他開始對物種轉變進行研究。

達爾文在英國地質學家萊爾所著的《地質學原理》書上看到：地球的地形是經過長時間不斷推進的變化結果，風力、雨滴和冰雪等的自然力量，只要持續千萬年後就可以完全改變地表的形貌。而達爾文本人也相信這樣的說法，因此在西元 1838年結合演變的地質、環境改變的論點，以及會因為地表的變化而被大自然淘汰出能夠順應環境生存的生物，歸納出「天擇」的自然選擇理論。

　　但是這樣的思想在當時盛行上帝創造學說的情況下發表的話，將會被視為異類，於是達爾文只敢對親近的朋友透露這些想法，並持續進一步的研究，直到 1858 年，他的好友阿爾弗雷德・羅素・華萊士寄給他一篇類似自然選擇理論的論文，促使達爾文決定與對方共同發表這項理論。隔年達爾文便出版《物種起源》，當中解釋生物是源於共同祖先的演化，才使自然界產生多樣性。果不其然，這樣的說法激起宗教的反彈，他們認為這樣的學說觸犯了上帝，於是引起許多論戰並聲討達爾文。雖然當時有許多激烈的辯證，實際上並沒有對達爾文造成什麼樣的危害，反倒是讓他有朝一日看見自己的論點被廣為流傳。

　　事實上達爾文在早年航行時，被一種不知名的疾病纏身，身體一直不好，但是身體上的病痛減損不了他對科學的熱情，一直到達爾文去世之前，他都還在蒐集喜愛的動植物標本、從事其他的科學研究。在尚未認識達爾文的一生之前，大家都只記得他所創下的生物革命，物競天擇的進化論，但其實達爾文並非天才，也非有什麼偉大之處，他只是對自己喜愛的自然生物特別好奇，憑著一股執著和求知的熱情，堅持不放棄自己的

興趣，雖然他曾聽從家人的安排學醫、學神學，但他終究沒有忘記自己的熱愛，懂得抓緊機會把握每一個可能，甚至利用好幾年的光陰去建構他的理論。

敢於浪費自己生命當中一小時的人，尚未發現生命的價值。

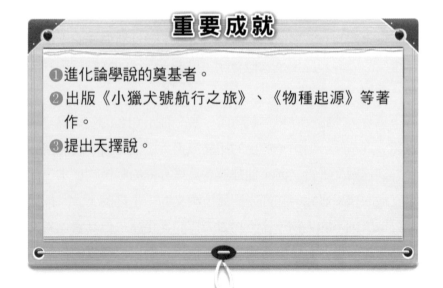

重要成就

① 進化論學說的奠基者。
② 出版《小獵犬號航行之旅》、《物種起源》等著作。
③ 提出天擇說。

詹姆斯·普雷斯科特·焦耳

James Prescott Joule

焦耳為英國物理學家，在研究「熱」的時候發現熱和能量之間的轉換關係，因此得到能量守恆定律，發展出熱力學第一定律，甚至後來的國際能量單位「焦耳」也以他的名字來命名。他和凱爾文合作發展溫度的絕對尺度，發現導體電阻、通過導體電流及其產生熱能之間的關係，也就是常稱的焦耳定律。

「嘶～嘶～」遠方傳來馬的慘叫聲，抬頭一望便發現又是焦耳和他的哥哥在對馬進行電流的物理實驗。不管走到哪裡，總能見到焦耳拿著紙筆抄抄寫寫，不曉得在記錄些什麼⋯⋯

我的樂趣，在於對未知世界的探索。

西元 1818 年焦耳出生於英格蘭北部的曼徹斯特城，他的父親是一個富有的釀酒師，家裡自己經營著啤酒廠。焦耳小時候身體並不健康，所以在自家附近的家庭學校中就學，常常一邊幫著家裡的生意，一邊跟在父親身旁拿著記事本習字。後來曼徹斯特城附近來了一位化學科學家——道耳頓，焦耳的父母

▶C.E.1818	▶C.E.1840	▶C.E.1845
焦耳生於英國	得出焦耳公式	發表《論熱功當量》

便把小焦耳和他的哥哥一起送去學習，意外地開啟焦耳的科學之路。焦耳和哥哥雖然只在道耳頓的門下學習兩年，但兄弟倆從此對科學實驗非常著迷，曾經互相進行電擊實驗，還偷偷地對家僕們做實驗。

一開始這些科學實驗只是焦耳的一個愛好，直到後來他協助家裡經營啤酒廠，想要用新發明的電動機來替換蒸汽機，推使他一股腦地投入科學中，對通電導體放熱的問題進行深入研究。焦耳後來把父親的一間房子改成專屬實驗室，只要有空閒時間，就會溜到實驗室裡，常常忙到廢寢忘食。

焦耳首先把電阻絲盤繞在玻璃管上，做成一個電熱器，然後將電熱器放入裝有水的玻璃瓶中，把此電熱器通電並且計時，用鳥羽毛攪動著水，讓水的溫度趨近均勻，在水中插入溫度計讓焦耳可以隨時觀察水溫變化。在進行通電時，焦耳也會用電流計來測出電流的大小，精確地紀錄整個實驗。焦耳花了很多時間把這項實驗重複做了不少次，在得到大量數據資料下，焦耳發現到：電流通過導體時產生的熱量跟電流的平方成正比，跟導體的電阻成正比，跟通電的時間成正比。後來人們稱之為焦耳定律。

焦耳定律：說明傳導電流將電能轉換為熱能的定律。
$Q = I^2Rt$ 或 $P = I^2R$，其中 Q（熱量）、I（電流）、R（電阻）、t（時間）、P（熱功率）。

　　焦耳把實驗結果整理成論文《關於金屬導體和電池在電解時放出的熱》，並發表在英國《哲學雜誌》上。只是當時的學者們認為電與熱兩者間的關係，不可能那麼簡單地被證明，更何況焦耳只是一個釀酒師，又不是專業科學家，所以這項發表並沒有得到太多重視。直到俄國的一位科學家——冷次，同樣做了電與熱的實驗，結果得到和焦耳完全相符的結論，焦耳的發表才重新得到重視，甚至被廣泛地成為研究的基礎定律。

　　焦耳並不在乎其他科學家對自己冷落或稱讚，因為他研究科學純粹是因為自己好奇，以及想要解決自家啤酒廠的經濟效能問題，於是發表過論文後，焦耳仍繼續著自己的實驗。在第一次完成電流和熱之間的效應研究後，焦耳便開始思考功與熱量的轉化實驗，若是可以將熱能轉換，便能得到更多的能源來源，於是焦耳開始思考，自然界的能量不可能被消滅，即使消耗了些機械能，總會得到相應的熱能，也就是現在所說的「能量守恆」。後來焦耳更是大膽假設「熱功當量」，想透過實驗找到這些熱能，進而使用大量實驗數據和測量結果，將近四百

多次實驗後，終於得出熱功當量的值。

❶熱功當量為熱力學單位卡與作為功的單位焦耳間所存在
的當量關係，亦即熱量和功能的換算，也就是 1 卡＝
4.15 焦耳，與現今公認的 1 cal ＝ 4.18 J 相當。

❷「焦耳」為導出熱能的單位，同時也可以定義為移動 1
庫侖電荷，通過 1 伏特電壓差所需要的功，彼此的關係
存在著可逆。後來國際單位制度導熱的單位，便是為了
紀念焦耳而直接以焦耳取名。

　　只是當焦耳興奮地向學會公布他的發現時，並沒有任何人
認同他，皇家學會甚至拒絕刊登焦耳的文章。儘管如此，焦耳
仍不死心地想要尋找另一種測量方法，他想著若是使用純機械
的方法來顯示能量和熱之間的轉化，或許會更有說服力，於是
焦耳又重新使用新的實驗方式，透過壓迫水流穿過有孔的圓
柱，從中測量到輕微的加熱能量；以及通過重物下落的機械
功，來轉動放置於隔熱水桶裡的轉輪，發現轉動轉輪後會使水
溫升高，於是讓他發現約 838 磅的功可以使 1 磅水的溫度升高
1℉，得出了更加精確的熱功當量數值，這項數值長達將近三
十年無人可超越，在當時的實驗條件下是件相當了不起的事。

焦耳反覆使用電學和機械方法計算出熱功當量值，所得出的數據非常貼近，這樣的發現對焦耳來說便是證明熱和功能量擁有可轉化性的一大證據。19 世紀後期，焦耳果斷地放棄向皇家學會投遞自己的發現，轉由在《哲學雜誌》上刊登論文，文章裡說到：任何理論，如果在提出時要求了湮滅的力量，就肯定是錯誤的。

當焦耳在英國協會的會議上宣讀了自己的著作《論熱功當量》，報告幾項他最著名的實驗，以及測得的熱功當量值，以無可辯駁的事實和證據，進一步證明功能量的轉化和守恆定律的正確，引發當時在場許多科學家議論紛紛，但同時也有少部分學者，像是凱爾文與法拉第，他們雖然對焦耳的發表感到震驚，卻也不得不開始懷疑原本流傳的「熱質說」，甚至後來還參考焦耳的發現來進行實驗。這定律的確定，讓後世在進行自然科學的理論上有了一個堅實的實驗基礎，稱為熱力學第一定律。

熱力學第一定律（能量不滅定律）：能量不會無緣無故地消失，也不會憑空產生，一定是從一種形式轉化成另一種形式，或是從一個物體轉移到另一個物體，而總量保持不變。

焦耳對於科學的研究精神，讓我們看見了對真理的堅持，他多次發表自己的發現，喚回的是被人鄙棄與冷處理，但是焦耳仍然不為所動，只是繼續埋頭進行自己的實驗，一次又一次堅定地向世人公布自己的發現。或許是身為一名釀酒師的驕

傲，讓焦耳總是對科學抱持著堅定與細心的嘗試，讓他總能透過各種實驗方式，精準地證實科學研究上的數字，立下長達三十幾年無人可推翻的紀錄。

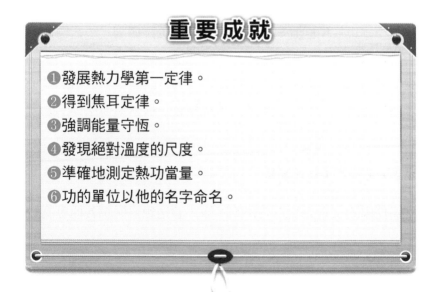

重要成就

❶發展熱力學第一定律。

❷得到焦耳定律。

❸強調能量守恆。

❹發現絕對溫度的尺度。

❺準確地測定熱功當量。

❻功的單位以他的名字命名。

格雷戈爾·約翰· 孟德爾

Gregor Johann Mendel

孟德爾不只是奧地利著名的遺傳學家，同時也是天主教聖職人員，他最出名的便是透過豌豆的實驗建立許多遺傳法則，並將之歸納後提出孟德爾定律。孟德爾分別創下「顯性」和「隱性」兩個詞語，在西元1866 年出版相關的論文，後世敬佩他的貢獻，稱其為遺傳學之父。

　　西元 1822 年孟德爾生於奧地利一個平凡的家庭，他的父親曾參加過幾次的戰役，因著戰爭四處遊歷，是個見聞廣博的人，戰事結束後便回到自己的故鄉經營一片果樹園。小孟德爾幼年時常常到園中幫忙父親工作，各種農作物、昆蟲等生物儼然成為孟德爾的自然啟蒙，讓他從小就有近距離觀察自然的機會，萌生起用不同的方法來培育各種植物、探索遺傳法則的動機。

天才意味著一生辛勤的勞動。

　　孟德爾的父親認為以農民的階級，若是想要擺脫各種專制

▶ C.E.1822
孟德爾生於奧地利

▶ C.E.1849
擔任中學教師

▶ C.E.1854
開始進行豌豆試驗

與壓榨，必須靠讀書才能力爭上游、取得較高的地位，所以即使家裡經濟不怎麼寬裕，父親也盡力栽培孟德爾能夠接受高等教育。而孟德爾也理解家人的苦心，認真投入在課業上的學習，只是離鄉求學難免有各種不適，再加上金錢的問題讓他必須縮衣節食，最後導致營養不良而生病。種種的困難並沒有打敗他，即使身體病弱，孟德爾還是憑著毅力以及家裡微薄的資助，終於進入奧爾茅茲學院就讀。

　　在學院求學期間，孟德爾有幸得到教授的推薦，到修道院擔任見習牧師，並同時研究學問。原本在修道院見習完畢後，應該成為一個專職的牧師，但是服務一陣子後，孟德爾覺得自己更喜歡作學問和教書，於是請求改任中學代課教師。而孟德爾在教學上博得不少學生的喜愛，沒多久學校便要他參加正式的教員資格考試，結果孟德爾竟然在生物和地質學慘敗，沒有通過考試，於是修道院便派他到維也納大學繼續進修。

　　在維也納大學裡，孟德爾學習到各種自然科學和數學，並得到許多優秀教授的真傳，為自己的研究能力打下基礎。畢業之後，修道院請他回到一所專科學校任教，除了指導學生做自然科學的研究之外，孟德爾還認識學校裡各領域的專家、教授。這十四年的教師生涯，是孟德爾進行研究最愉快的時期，因為他能和許多同好朝夕相處、共同研究學問。

　　在孟德爾教書的修道院後方有一小塊空地，便是他印證科

▶C.E.1866　　　　　　　　▶C.E.1868　　　　　　　　▶C.E.1884
發表《植物雜交試驗》　　　擔任修道院院長　　　　　孟德爾逝世

學真理的一畝良田。時常經過空地的孟德爾，有一天仔細觀察了一下空地裡的植物，才發現種植的豌豆分別開著白花、黃花；而莖的部分則有高莖、矮莖之別；接著還發現有的豆莢圓潤、有的卻是乾扁。這樣的發現讓孟德爾感到疑惑與不解，於是他抽出時間來進行一個長期的觀察和比對，要來看看豌豆上下兩代間的差異與相似之處。孟德爾將每個時期的豌豆通通列成數據，被記錄的植物個體數超過二萬株以上，研究大量統計數據資料後，孟德爾發現：「如果長莖豌豆和矮莖豌豆交配，子代和孫代全部是長莖，要一直繁衍到第四代，四株中才會有一株是矮莖。」在植物研究當中得到重大的發現，孟德爾便進一步用動物作實驗：他將白鼠與黑鼠交配，發現第二代全部是黑鼠；然後再將生下的第二代黑鼠彼此交配，繁衍出的第三代老鼠中，就會有四分之一是白鼠。因此，孟德爾整理出了一個定律，後來稱為「孟德爾定律」。

孟德爾定律當中主要紀錄的方法與結果：

❶區分外形：豌豆有高莖和矮莖。

❷篩選純種：選定種類進行培植，例如：豌豆的高莖，將代代的高莖進行交配，直到最後生成的植物為絕對的高莖，反之亦然。

❸顯性法則的發現：如果有不同的性狀，那麼交互交配之後容易發展的特徵稱為「顯性」，反之則稱為「隱性」。

❹分離定律的發現：顯性與隱性的比例有固定的規律。舉豌豆實驗的例子，孟德爾將高莖品種的種子進行下一代

的培植，在第二年的收穫中，高矮莖豌豆均有出現，且
高莖：矮莖的比例約為 3：1。

❺獨立分配定律的發現：生物各自的特點與遺傳方式沒有
相互影響，每一項特徵都符合顯性原則以及分離定律，
綜合歸納後被稱為獨立分配定律。

　　經由動植物的實驗，孟德爾逐漸對親代和子代的繁衍關係
整理出一些結論，只是當他在學會上發表研究結果，分別是
《植物雜交試驗》和《動植物遺傳之研究》，甚至最後的《動
植物遺傳之研究》論文，皆是融合他對遺傳學的研究結晶，可
惜當時遺傳學尚未盛行，孟德爾的發現並沒有引起世人的注
意，更不瞭解遺傳學在後世對人類有何巨大的影響。

　　西元 1868 年，孟德爾長久的付出與教學，被任命為修道
院的院長，更多繁忙的行政業務，使他無法再繼續單純做遺傳
學的研究，甚至因為童年家境貧苦所養出的病弱體質，讓他在
擔任修道院院長沒多久後，就因操勞過度而逝世。孟德爾或許
沒想到，在他離世多年後會忽然聲名大噪，因為後來的植物、
生物科學家們，分別以不同的植物加以實驗，同樣獲得與孟德

爾相同的結果，一時之間讓孟德爾的研究論文，被所有的科學家激動地奉為至寶，讓他得以受到科學界的重視與肯定。

從此以後，更多的科學家投入到孟德爾的遺傳實驗，發揚遺傳學的重要性，認為這是解開人體奧妙的重要科學之一，後來更進一步透過染色體的研究來發現基因，甚至擴展到現在的細胞學、胚胎學、生化科技等，我們常聽見的「複製羊」、「複製人」甚至恐龍再現等科技，都要歸功於開啟遺傳學大門的孟德爾。雖然孟德爾的論點在當時並未受到重視，但後世同樣證明與他相同的發現，可以認定孟德爾走在時代尖端。有些證明需要時間來淬鍊，才會知道知識的可貴，而孟德爾也讓我們學習到科學的真理總有一天會得到驗證。

假如我是我，是因為我生來如此，那麼我是我，你是你。

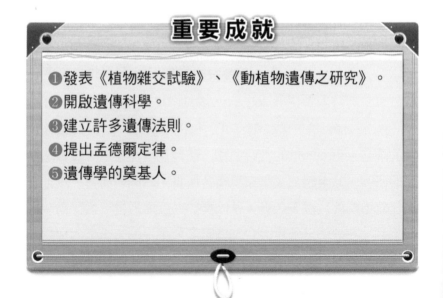

重要成就

❶發表《植物雜交試驗》、《動植物遺傳之研究》。
❷開啟遺傳科學。
❸建立許多遺傳法則。
❹提出孟德爾定律。
❺遺傳學的奠基人。

瑪麗·居禮

Marie Curie

> 居禮夫人是波蘭裔法國籍物理學家、化學家，為放射性研究的先驅者，放射性一詞更是由她所發明，是第一位獲得諾貝爾獎的女性，也是當時唯一獲得二種不同科學類諾貝爾獎的人。後來成為巴黎大學第一位女教授，致力於社會醫療議題的關懷，連愛因斯坦都曾稱讚道：「在所有著名人物中，居禮夫人是唯一不被榮譽所腐蝕的人。」

　　「在科學上，我們應該注意事，不應該注意人。」居禮夫人這樣說著，但是她致力投入科學研究，卻是為了她所關愛的社會和人群們。

我們應該不虛度一生，應該能夠說：「我已經做了我能做的事。」

　　西元 1867 年，名為瑪麗的小女嬰出生在波蘭的一間公寓當中，瑪麗的父親是位數學、物理老師，母親也是位教師，還是位出色的音樂家。只不過在瑪麗小的時候，母親便患上肺病，在當時，肺病是種極危險的傳染病且不易治好，因為母親的病情，花光了家裡所有的積蓄，甚至瑪麗的姊姊也不幸因病

▶C.E.1867	▶C.E.1898	▶C.E.1902	▶C.E.1903
居禮夫人生於波蘭	發現鐳和釙	成功提煉純鐳	獲得諾貝爾物理獎

夭折，最終母親也跟著離去，這讓瑪麗很早就比同齡的人更加早熟和敏感，而且瑪麗的家鄉波蘭當時被其他國家統治，人民生活非常艱苦，更別說花錢讓女孩進大學唸書。如果想要接受教育，只有跑到外國去生存，但是瑪麗的家境並不富裕，家裡還有其他小孩，不可能提供金錢讓她到國外唸書，但瑪麗渴求知識，她決定自己存錢出國求學，所以接下一些小孩的家庭教師工作，同時一面自修。她手上總是捧著不同的書籍閱讀，因為父母都曾是教師，所以文學、化學和數學方面的書籍，就成了瑪麗的閒暇消遣。

皇天不負苦心人，瑪麗終於得到一個在實驗室工作的機會，她欣喜若狂，這是個可以將書中知識實際經歷、實驗的機會，雖然實驗室的設備簡陋，但瑪麗只要工作結束或假日，她就把時間耗在實驗室，這樣的經歷讓她不再滿足於書本上的知識，瑪麗愛上了實驗的樂趣，因為那樣會使她更加貼近科學的真理和答案，這段時期奠定瑪麗往後走向偉大科學家之途。

西元 1891 年，瑪麗終於存到一筆積蓄，足夠前往巴黎深造，但剛到巴黎的她，有許多地方無法習慣和需要調適。由於瑪麗只存夠唸大學的基金，生活所需的開銷仍無著落，迫使她只能省吃儉用，不但沒有保暖的衣服與煤來取暖，還營養不良，好在後來姊姊伸出援手，把瑪麗接去照顧，暫時解決生活上的困境，但由於過去瑪麗在波蘭受教育，因此程度跟不上法國大學的課程，再加上她的法文並沒有太多琢磨，導致嚴重跟

不上大學的課程，且瑪麗為了喜愛的科學，選擇讀物理學科，但她薄弱的數學知識，根本無法負荷物理的計算和證明。

再一次地，瑪麗不願意被環境打敗更不願輕言放棄，她所有時間都留給圖書館，憑著堅強的意志和韌性，不僅認真熟讀法文、數學，連大學中新的課程也努力學習，在這樣咬牙苦讀的堅持下，成績開始進步並往上攀升。於是在西元 1893 年，瑪麗靠著自己的努力，拿到物理學碩士學位，隔年甚至獲頒數學碩士學位，瑪麗的優異表現，吸引政府單位的注意並頒發獎學金給她。那時候唸書的大部分都是男性，人群中偶然出現瑪麗的身影，不少青年被她研讀課程、對學問鑽研時所散發出來的專注和認真所吸引，但時常進行科學研究的瑪麗，目光卻落在一位物理學家——比埃爾・居禮的身上。

我從來不曾有過幸運，將來也永遠不指望幸運，我的最高原則是：不論對任何困難都絕不屈服！

居禮是當時法國擁有不小名氣的物理學家，對社會人文非常關懷，對物理、數學有著熱情且擁有相同興趣的倆人愈走愈近，有情人終成眷屬，終於在附近的教堂結婚，而外人對瑪麗的稱呼也改為居禮夫人。居禮夫婦的生活非常簡樸，他們經常一起旅行，但也一起進行科學實驗和研究，居禮先生本身是位理化教授，時常會進行一些物理的探討和實驗，於是居禮夫人便成為最得力的實驗室助手和學生。夫婦倆人的科學操作，激發了居禮夫人對理化研究的興趣，後來更決定撰寫博士論文，選定當時剛被發現的 X 光射線中鮮少人知的「鐳射線」作為研究目標。

　　居禮先生說服了學校的校長，同意他們夫婦在學校成立一間小小的鐳射線實驗室，從此居禮夫婦倆人開始和一堆危險的物質生活在一起。為了要瞭解鐳射線，他們投入大部分的金錢和時間，居禮夫人更是定義了產生射線的物質，取名為放射元素、放射物，還創立了放射性的名詞。居禮夫人把瀝青鈾礦分解，再用分離出瀝青礦裡含具放射性的物質成分──鉍。沒想到，居禮夫人一天正在過濾實驗中的沉澱物時，被她發現一種比鈾、鉍活性還要高出三百倍的新元素──釙。在發現釙後沒多久，她又從這些沉澱物裡搜尋到一種更具強烈放射性的元素，比過去發現的更加強大。

　　居禮夫人把這個發現告訴自己的丈夫，夫婦倆人更加全神貫注的投入在研究當中，他們找來更多礦石，用各種方法不斷地測量、分析，還吸引另一位有名的科學家──貝蒙，一起加入研究的行列。終於在西元 1898 年，從沉澱物當中過濾出放射性比鈾大九百倍的物質──鐳。鐳射線當時已經被其他的科學家發現，鐳鹽具有放射性，可是大部分的人也只停留在鐳鹽，並沒有分析出到底可以從哪個物質中找出它，也不知道實際的元素性質，透過居禮夫婦和貝蒙三人的研究結果，才找到

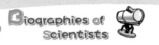

這項新元素。只不過他們所找到的物質不夠純粹，無法向他人證明純鐳和純釙的真正性質，以及該從何提煉。

於是他們展開世界級的招募，希望可以在各國得到其他人的幫忙，最後終於得到奧地利政府和維也納科學院的注意，提供他們能夠以廉價的金額購入瀝青鈾礦的殘渣，所以在後來的日子裡，居禮夫婦既是學者、也是苦力，同時還是身兼分離技術的技師，每天在一桶又一桶的瀝青鈾礦殘渣中奮戰。皇天不負苦心人，西元 1902 年終於被居禮夫婦提煉出一克的鐳，並測量出實際的原子量，使歐洲的科學界掀起研究的暴動，許多放射線的研究熱潮一波接著一波，大家都被這項發現所激勵。居禮夫婦帶頭打開了物理放射線的大門，現在時常聽到的癌症治療、放射線化學研究，更是延續他們倆人為世界帶來的發現，繼續為社會帶來更大的幫助。這樣重大的發現，當然也為居禮夫人取得了物理學的博士，更在西元 1903 年時，諾貝爾獎宣布把物理學獎頒贈給居禮夫婦及貝蒙三人。

我們須相信，我們既然有做某種事情的天賦，那麼無論如何都必須把這種事情做成。

不幸的是，他們並沒有發現自己的研究環境和主題，是多麼的危險與不可挽回，在熱衷研究的過程中他們都受到放射線的感染。西元 1906 年某天，身體愈來愈差的居禮先生，因為一時暈眩而撞上馬車不幸過世，居禮夫人從此失去了愛人，也失去了導師、研究伙伴，但居禮夫人即使悲痛，她堅毅的個性很快地就讓她重新站起，並且一肩扛起撫育女兒的責任，和其他物理學研究與改良鐳的提煉方式。而居禮夫人在放射學中的

理論與實務上的成就愈來愈高，五年後一封來自瑞典的電報，通知她獲頒諾貝爾化學獎，讓居禮夫人成為第一位兩度獲得諾貝爾科學獎的人，而且是當時大環境之下不容易接觸到教育的女性學者，讓更多人欽佩不已！

科學的探討和研究，其本身就含有至美，其本身給人的愉快就是報酬。

　　後來發生第一次世界大戰，居禮夫人努力奔走、籌募金錢，購買在當時極為昂貴的X光機，親自送上戰場且教導醫護人員正確的使用方法。她不只奉獻自己的熱忱和學識經驗，把愛傳給所有需要的人們，更將一切一一傳授給她的學生，從不拒絕求學的後進學者。居禮夫人拒絕一切來自功名的財富和機會，她認為自己的科學研究不是為了這些才努力的，所以即使她已經是世界名人、放射線的開創者、鐳元素的發明者，她依舊是那位簡樸過日子、進行自己實驗的平凡夫人。由於居禮夫人拒絕各種獎勵和邀請，科學界只好把後來又發現的一種元素，取名為「鋸」，並且把放射線的單位稱為「居禮」，以此紀念居禮夫人，同時為了紀念居禮先生，便將改變金屬磁性的溫度點，命名為「居禮點」。

弱者坐待良機，強者製造時機。

　　居禮夫人憑著不屈不饒的精神，讓她走出沒有機會、封閉的祖國，得以在國外接受教育，雖然遇到了困難和困境，對居禮夫人來說這些都無法擊敗她，成功扭轉語言和數學上的劣勢，重新走出自己對學識的掌握和理解。或許對她來說，只是

做著自己喜歡的事，而且希望可以一直長久地做下去，因為居禮夫人在科學研究的路上，不只散發專注、執著的光芒，更讓人看見透過科學，向世界、社會所傳遞的愛。

我要把人生變成科學的夢，然後再把夢變成現實。

重要成就

❶開創放射性理論。

❷分離放射性同位素。

❸發現兩種新元素釙、鐳。

❹「鋸」元素的命名是為了紀念她的偉大。

❺放射線單位以居禮命名。

❻史上唯一一位兩度獲得諾貝爾科學獎的女性。

阿爾伯特·愛因斯坦

Albert Einstein

愛因斯坦為猶太裔理論物理學家，享年 76 歲，創立了現代物理學兩大支柱之一的相對論，發現了質能等價公式及光電效應，榮獲 1921 年諾貝爾物理學獎，一生共發表了 300 多篇科學論文，被譽為「現代物理學之父」及世界最重要科學家之一。

　　「哇，這東西太特別了！」小小的愛因斯坦在第一次見到父親送的禮物便發出了驚嘆！小小的物品卻是成就後世偉大的奇蹟，他豐沛的好奇心與想像力，讓他隨時充滿著對事物研究的熱情。

科學研究好像鑽木板，有人喜歡鑽薄的，我喜歡鑽厚的。

　　西元 1879 年愛因斯坦出生在德國古城——烏姆，一個猶太人家庭，父親是個開電工設備店的店主，母親則是一名有成就的鋼琴家，後來因為搬家，便隨著家人來到慕尼黑。小時候的愛因斯坦發育的比同年齡層孩子慢，一直到 3 歲才開始會講

大事記

▶ C.E.1879
愛因斯坦生於德國

▶ C.E.1905
以《分子大小的新測定法》獲得
博士學位，發表重要的四篇論文

▶ C.E.1919
證實廣義相對論

話，被周遭的人認為是發育遲緩的孩子。愛因斯坦雖然看似反應遲鈍，但他的心靈卻是開闊且充滿想像力的，4歲時父親曾送過他一項禮物──羅盤，對當時的愛因斯坦來說，那就是一個全新的世界，他認為每一項物品都有神奇之處，甚至覺得事物的背後一定有某些意義隱藏著。

　　在愛因斯坦童年時，幾乎所有的老師都覺得這孩子反應遲鈍、毫無學習能力，覺得他未來不會有任何出息。那時候的愛因斯坦主要是跟著母親學習小提琴，直到10歲才進入慕尼黑教會中學讀書。不過愛因斯坦在中學時依舊表現的不盡理想，成績除了數學優秀之外，其他的學科成績不是不及格就是低下，所以沒多久就遭到退學處分。剛好那時候愛因斯坦父親所經營的店面，因為無法競爭而被迫關閉，所以全家人又再度搬至義大利，後來在瑞士的高中就讀，而該中學的教育思想：「概念思考是建立在『直觀』之上的」剛好很適合愛因斯坦。好不容易捱到畢業，愛因斯坦便通過考試進入蘇黎士的聯邦工科

大學，那時候他的物理及數學學科都是高分過關，但事實上愛因斯坦並不是教授們心目中的好學生，因為他常常陷入問題當中，投入全部的興趣和時間去思考他感興趣的科目，至於其他問題則一點也不想費心思。

想像力比知識更重要，因為知識是有限的，而想像力概括著世界的一切，推動著進步，並且是知識進化的源泉。嚴格地說，想像力是科學研究的實在因素！

少年時期的愛因斯坦熱愛平面幾何學的證明方法，當他閱讀《自然科學通俗讀本》時，看到將光速的探討放在所有自然科學的最前面，以光速做為自然觀察開端的科學觀察方式，讓他留下深刻印象，對於後來研究相對論產生很重要的啟發。

西元 1902 年，愛因斯坦擔任聯邦專利局審查員的職務，利用下班後的時間繼續自修物理，終於在西元 1905 年在沒有任何名師指導，又缺乏研究儀器、設備、數據資料的情況下，完成了四篇革命性的論文，分別是《光電效應》、《布朗運動》、《質量和能量關係》、《狹義相對論》等領域，那一年又被稱為「愛因斯坦奇蹟年」。而在完成這四篇論文之前，愛因斯坦還有著作一篇《分子大小的新測定法》，這項發表為他贏得了博士學位。

愛因斯坦的「光電效應」是由一個嶄新的角度，來探討光的輻射和能量，先是從「分子大小的新測定法」當中得到的靈感，他認為光是由分離的粒子所組成，而這光粒子的能量和其頻率有關。舉例來說，若是金屬裡的電子吸收了一個光子的能量，則此電子因為擁有足夠的能量，會從金屬中逃逸出來，成

為光電子；相反的若是能量不足，則電子會釋出能量，能量重新成為光子離開。這個突破性的理論不但能夠解釋光和電當中的效應，也推動後來量子力學的誕生，由於他在物理學上的成就，特別是這項光電效應的發現，讓愛因斯坦在西元 1921 年獲頒諾貝爾物理學獎。

光電效應：光束照射物體時，會使其發射出電子的物理現象。光束裡的光子所擁有的能量與光的頻率成正比，如果說電子要逃出金屬所需要的能量為 E，那麼轉換成光子的能量與極限頻率的關係就是：$E＝hv_0$，其中 h 為普朗克常數，v_0 為極限頻率。而電子衝出金屬的動能便稱為光動能 K_{max}，公式如下：$K_{max}＝hv－E＝h（v－v_0）$，hv 是光頻為 v 的光子所帶有且被電子吸收的能量。

「布朗運動」的發表，則是愛因斯坦將西元 1827 年英國植物學家布朗發現的一項定律進行更詳盡的解釋和研究。布朗曾將花粉灑在水裡，然後用顯微鏡觀察，發現水中的花粉不斷在舞動，便把這現象稱為「布朗運動」。愛因斯坦同樣以分子的角度去分析，這樣的運動便是微小的水分子在作用，後來還利用數學的方法來計算，證明分子的存在。

愛因斯坦在文章裡面定義布朗運動當中的粒子擴散方程，還將其中的擴散係數與布朗粒子的平均平方位移連結，同時將這些擴散係數變成可測量的物理數值。依據這樣的觀念，便可決定一莫耳有多少原子、氣體的克分子量。

而最重要的一篇「狹義相對論」當中，提到兩個最重要的

原理：光速恆定、相對性原理。這兩項原理大大顛覆過去牛頓所提出的時空觀念，重新為人類定義對宇宙的看法，使牛頓的學說不再是絕對。愛因斯坦認為牛頓定律依然是可行的，但那是限於速度很慢的時候，根據牛頓的絕對時間理論，並沒有區分地點與狀態，所有時間耗用的長度皆同，但愛因斯坦認為應該是一個多小時，時間是相對的，不同情況下測量的時間長度是不一樣的。

狹義相對論的基礎：

❶「光速不變」原理：愛因斯坦指出在所有慣性系中，真空中的光速都等於 $c = \dfrac{1}{\sqrt{\mu_0 \varepsilon_0}} = 299792458 \, \mathrm{m} \, / \, \mathrm{s}$，$\mu_0$ 為真空磁導率，ε_0 為真空介電常數，與光源運動無關。

❷「相對性」原理：在所有慣性系中，物理定律有相同的表達形式，這是力學相對性原理的推廣，適用於一切物理定律。

　　而狹義相對論，僅描述平直線性時空的相對論理論，愛因斯坦認為空間和時間並不是相互獨立的，應該用統一的四維時空來描述，這當中並不存在絕對的空間和時間，於是狹義相對論便將經典力學在運動速度接近光速時做出一些重要修正。

　　由於愛因斯坦對物理的投入，讓他在研究過程中發現另一項能量與質量的關係，也就是他在「質量和能量關係」所提出的論點：「物體質量實際上就是它自身能量的量度」。他闡述新的公式，關於物體相對於一個參照系靜止時，仍然有能量：$E = mc^2$。愛因斯坦闡述的這個方程式，為後來原子彈的發展

形成重要的關鍵因素，透過方程式去計算以及通過測量不同原子核的質量和，與當中的質子和、中子的質量和之差，便可得到原子核所包含的結合能之估計值。

如果我們知道我們在做什麼，那麼這就不叫科學研究了，不是嗎？

　　西元 1913 年，普魯士科學院邀請愛因斯坦回德國擔任物理研究所所長兼柏林大學教授，這個突如其來的教職，給予愛因斯坦經濟上的支持，使他擁有更多的時間從事喜愛的研究工作。獲獎沒多久後，愛因斯坦對於自己提出的狹義相對論當中的慣性運動偏好並不滿意，從最一開始就不假定任何運動狀態的理論，應該會顯得更加完整與有說服力，因此他才會嘗試發展狹義相對論沒多久後，又著手進行廣義相對論的探討，一直到《廣義相對論基礎》的出世，愛因斯坦整整思考了八年。

　　廣義相對論實質上是萬有引力的問題延伸，質量與質量間觀測到的重力是源自於這些質量所造成的時空彎曲，他認定自由下落實際是一種慣性運動，經過多年思考重力的性質，愛因斯坦領悟到可以定義「重力」為時空的彎曲，但是對於重力的詳細描述必須用到幾何來證明，因此他找到過去的大學同學馬塞爾‧格羅斯曼來幫忙解決數學方面的問題，兩人更合作寫出了新的方程式，稱為愛因斯坦場方程式。

　　愛因斯坦在格羅斯曼的幫助下掌握數學形式，並利用此公式來表達他的物理思想，他們一起合作發表了《廣義相對論基礎》，愛因斯坦假定重力不是一個單純的力學，而是在時空的

連續體中一個扭曲的場，而這個扭曲是由於質量存在造成的，這樣的主張被認為是 20 世紀理論物理研究的巔峰。

我會發明凍結時間的方程式，讓你不會發現我已經走了！

發表這樣革命性的論文，對物理領域的專家們是個不小的挑戰，於是許多人開始爭論，剛好西元 1919 年發生日全蝕，科學家們便利用廣義相對論來計算星光經過太陽邊緣時產生的偏折，而英國的天文學會更是派出兩支隊伍來觀察日全蝕，結果兩支觀察隊的數據皆證實了愛因斯坦的預測，這下子廣義相對論馬上成為所有媒體的頭條新聞，轟動全世界，讓不少科學家不得不承認廣義相對論的正確性。

一個從未犯錯的人是因為他不曾嘗試新鮮事物。

愛因斯坦一生皆投入在科學研究當中，誰都沒有想到當年愛因斯坦父親送他的羅盤，竟是促使他成為未來偉大科學家的關鍵。愛因斯坦從小就認為，每一件事物皆有它背後隱藏的意義，想像力便是他的動力來源，而愛因斯坦也從不因為前人已經留下結論，便扼殺住自己對事物、理論的假設。他曾說道：「牛頓先生，很抱歉推翻了您的理論，不過您的成就是您那個時代一個人的智力和創造力所能達到的巔峰，您所創造的許多觀念直到今日都仍引導我們的物理思維。雖然我們知道，當我們對宇宙萬物有了更深入的瞭解後，這些觀念將會被一些更抽象的新觀念所取代。」

簡單的幾句話，讓我們更加瞭解這位偉大科學家的謙虛，認為自己的研究總有一天會被後世的觀念超越，愛因斯坦也讓

後世明白：不要懼怕挑戰，更不要因為犯錯或者與他人不一樣，便放棄了自己的勇敢和嘗試。

重要成就

❶發表狹義相對論。

❷發表廣義相對論。

❸創立質能等價公式（$E = mc^2$）。

❹提出光電效應。

❺簽署《羅素—愛因斯坦宣言》，強調核武器的危險性。

❻延伸布朗運動。

理查・菲利普・費曼

Richard Philip Feynman

> 費曼為美國物理學家,是 20 世紀最具傳奇性、最具個人魅力的科學家,費曼對大自然的好奇、創新,是許多科學家懷念與讚嘆的,他是美國理論物理學家,量子電動力學的創始人之一,同時也是奈米技術之父。

「理查,你知道這鳥的名稱嗎?」、「我不知道,爸爸。」、「我可以告訴你這鳥在不同語言中的名稱,但其實除了名稱之外,我們還可以來細心觀察這隻鳥類的生活習性,例如牠的身體外形、特徵、吃什麼⋯⋯」一對父子在林間散步的對話,成就了日後偉大科學家費曼的發明。

我不能創造的東西,我就不瞭解。

西元 1918 年費曼出生於美國皇后區的小鎮,他的父親是名裁縫師,同時也是位對科學有業餘興趣的人,更是費曼科學的啟蒙師。有一次小費曼問爸爸:「為什麼把球放在玩具貨車

大事記

▶C.E.1918	▶C.E.1935	▶C.E.1948
費曼生於美國	進入麻省理工學院就讀	發明《費曼圖》

上，往前拉動玩具貨車，球就會向後滾了？」費曼的爸爸說道：「如果你細心看，那球沒有向後滾，而是停在原處。」在父親的鼓勵下，費曼便重新跑到玩具貨車的旁邊，伏在地上從側面仔細看著，果然看見球是停在原處並沒有向後滾，眼中的景象只是因為玩具貨車正向前走而造成的錯覺。爸爸繼續說著：「大家稱這個現象為慣性，可是沒有人知道為什麼。」費曼覺得他的爸爸雖然不是一名專業科學家，但是他教會費曼如何真正獲得知識，而且透過觀察大自然，才能實際瞭解現象的成因，而不是只有文字的理論。

　　和爸爸生活的點滴，讓費曼總是渴望知識，希望可以理解更多未知的現象，於是從小就超前學習，當他學習到愈多新鮮知識時，總讓費曼興奮不已。而費曼小時候就很喜歡動手做小實驗，透過不同的工具，敲敲打打、拆解機械或器具，而當費曼必須在學校上課時，他時常抱怨傳統的課程都沒有讓人感興趣的地方，所以他總是利用不在學校的時候，自己學習有興趣

的科目，於是費曼在小學就自己學會了初等微積分，中學時學會了狹義相對論。費曼就讀法洛克衛高中，在那裡遇見巴德教授，巴德發現費曼因為總是不滿學校低階的課程，有種自恃過高的情況，於是就給了他一本大學生使用的教材《高等微積分》，讓費曼把精神放在這本書上，不要影響其他同學。

沒想到這本書果然制服了費曼，雖然費曼聰明又願意努力自學，但《高等微積分》還是耗費他不少心思。付出總是有收穫的，費曼從這本書中掌握不少高等的數學公式和科學方程式，當他有疑問時，巴德教授並沒有因為費曼之前令人頭痛的行為而拒絕他，反而時常在課後時間與費曼討論科學。他們曾經討論到「最小作用量原理」，巴德教授向費曼說明這個原理目前仍然沒有辦法得到解釋或證明，但在物理學中卻無處不在。對於永遠在探索、追尋與不甘心安於傳統答案的費曼來說，深深地把這個話題放在心上，甚至在未來給予科學界一個重大的突破。

當世界變得更複雜時，它也就變得更有趣了！

在費曼即將升大學時，美國遇上了經濟大蕭條，許多人迫於經濟條件和壓力，紛紛放棄報考大學的志願。但費曼的父母捨不得孩子的才華與天賦，堅持要讓他得到最好的教育，一開始費曼選擇數學系，可是他發現數學對科學來說實用性並不大，產生了想要轉系的念頭，在幾經評估和考慮下，費曼選擇物理學系。因為費曼覺得物理系可以實際操作實驗，又可以接觸到很多高深的學說和理論，而且自己的數學知識足以應付學科裡的計算需要。在大學就讀期間，費曼依舊維持著超前進度

的習慣，要求自己學習比課程更廣的知識。而在大學裡優異的成績與亮眼表現，讓曾指導過費曼的教授建議他去普林斯頓大學念研究所，可以轉換眼界同時又能繼續深造。

The best way to predict the future is to invent it.

在普林斯頓大學裡，費曼遇到約翰・惠勒教授——專精於電動力學的科學家導師，當時費曼的研究論文就是關於量子力學穩定作用的問題，靈感就是當初最小作用量原理的探討，以及從惠勒教授身上得到電動力學的想法，奠定了新的路徑積分，他命名為「量子力學最小作用原則」。當時各家的思想、價值觀如雨後春筍般不斷湧現，而新舊衝突總是透過針鋒相對的方法展開爭論，費曼仍依照自己獨特的方法解釋事物，並且堅持自己的一套主見，不理會其他學者的批評與指責。所以在西元 1948 年時，費曼在《物理評論》上發表一些利用圖示進行解題和證明的論文，這項方法後來被稱為「費曼圖」，然而這項發表並沒有得到很多人的接受，甚至還引來一些嚴厲的批判。

費曼圖是一種形象化的方法，以簡潔的二維圖形來描述粒子之間的交互作用，直觀地表示粒子散射、反應和轉化等過程，橫軸向右表時間前進的方向，縱軸表位置。

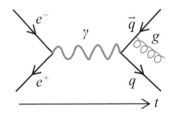

但是經過時間證明，費曼圖雖然是圖示的方法，但可以說明、解答的問題卻愈來愈多，那些曾經抨擊的人漸漸開始接受這項發表，到了後期，這套解題的方法使費曼一躍成為有名的物理學家。

我可以很確定的告訴大家：沒有人真正瞭解量子力學。

費曼成名之後，他並沒有接受與各方精英聚集的學校邀請，反而前往加州理工學院擔任物理教授傳授知識。為了可以更加順利地使學生理解物理，費曼在西元 1964 年時出版《費曼物理學講義》，搭配他幽默風趣、不拘泥於形式的教學方法，不僅大受學生歡迎，更成為美國最富影響力的物理學家。他總是告訴大家，根本沒有人真的懂物理，也不可能真的理解何為相對論，就像他曾經在自傳《別鬧了，費曼先生！》當中提到的：我永遠不會有多麼偉大的成就……讓我來玩玩「物理遊戲」，我什麼時候想玩就什麼時候玩，不用擔心這樣做有什麼意義。

費曼以驚人的物理直覺而聞名，他透過圖示的敘述方法撇開複雜的公式計算，帶著人們洞察問題的本質，他值得大家學習的地方，並不只在科學上的成就，而是對於探索問題背後真正的意義，是如此認真和專注。費曼不在乎那些多麼高深的數學、複雜又艱澀的理論，就像他父親曾告訴他的：「我們看得見『慣性』，但是我們並不理解他。」「不理解」並未能阻止費曼的發現和物理成就，因為他會親身去經歷、觀察，然後透過簡而易懂的方式，讓學生得以更加貼近物理學本身。

排除了所有不可能的事物後，剩下的，無論再匪夷所思，真相就在其中。

重要成就

❶出版《別鬧了，費曼先生！》、《費曼物理學講義》。

❷提出費曼規則、費曼圖、海爾曼定理、重整化計算。

❸發明奈米技術。

❹量子動力學的創始人之一。

穿越時空尋訪科學家們

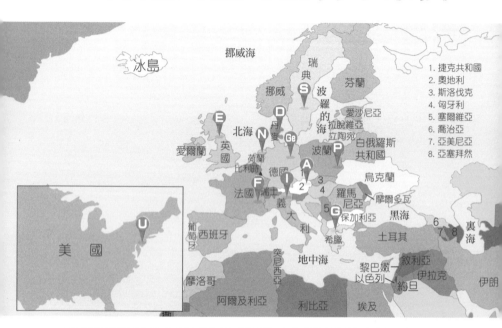

國家	科學家
希臘　（G）	歐幾里得、阿基米德
義大利　（I）	達文西、伽利略、亞佛加厥
波蘭　（P）	哥白尼、居禮夫人
德國　（Ge）	克卜勒、高斯、愛因斯坦
法國　（F）	笛卡兒、安培、給呂薩克
荷蘭　（N）	雷文霍克
英國　（E）	牛頓、瓦特、道耳頓、布朗、法拉第、達爾文、焦耳
瑞典　（S）	林奈
丹麥　（D）	厄斯特
奧地利　（A）	孟德爾
美國　（U）	費曼

中學生一定要知道的
25位科學家

國家圖書館出版品預行編目資料

中學生一定要知道的25位科學家／
鴻漸*i*悅讀編輯團隊著
新北市：鴻漸文化出版　采舍國際有限公司發行
2018.07　面；　　公分
ISBN 978-986-96273-7-5 (平裝)

1.科學家　2.傳記　3.通俗作品
309.9　　　　　　　　　　　　　107007731

～理想的推手～

理想需要推廣，才能讓更多人共享。采舍國際有限
公司，為您的書籍鋪設最佳網絡，橫跨兩岸同步發
行華文書刊，志在普及知識，散布您的理念，讓
「好書」都成為「暢銷書」與「長銷書」。
歡迎有理想的出版社加入我們的行列！

采舍國際有限公司行銷總代理
angel@mail.book4u.com.tw

全國最專業圖書總經銷
台灣射向全球華文市場之箭

鴻漸文化

中學生一定要知道的
25位 科學家

編著者●鴻漸i悅讀編輯團隊　　　　　　總 顧 問●王寶玲

出版者●鴻漸文化　　　　　　　　　　出版總監●歐綾纖

發行人●Jack　　　　　　　　　　　　副總編輯●陳雅貞

美術設計●吳吉昌　　　　　　　　　　責任編輯●蔡秋萍

排版●王芋崴　　　　　　　　　　　　特約編輯●楊巧雩

美術插畫●盧伯豪

編輯中心●新北市中和區中山路二段366巷10號10樓

電話●(02)2248-7896　　　　　　　　傳真●(02)2248-7758

總經銷●采舍國際有限公司

發行中心●235新北市中和區中山路二段366巷10號3樓

電話●(02)8245-8786　　　　　　　　傳真●(02)8245-8718

退貨中心●235新北市中和區中山路三段120-10號（青年廣場）B1

電話●(02)2226-7768　　　　　　　　傳真●(02)8226-7496

郵政劃撥戶名●采舍國際有限公司

郵政劃撥帳號●50017206（劃撥請另付一成郵資）

新絲路網路書店●www.silkbook.com

華文網網路書店●www.book4u.com.tw

PChome商店街●store.pchome.com.tw/readclub

出版日期●2018年7月

Google　鴻漸 facebook
鴻漸文化最新出版．相關訊息盡在粉絲專頁

本書係透過華文聯合出版平台（www.book4u.com.tw）自資出版印行，並委由采舍國際有限公司（www.silkbook.com）總經銷。

―版權所有　翻印必究―

全系列
展示中心　新北市中和區中山路二段366巷10號10樓（新絲路書店）

本書採減碳印製流程並使用優質中性紙（Acid & Alkali Free）與環保油墨印製，通過綠色印刷認證。